# 控制单元水质目标管理方案
# 实施与效果评估

郝晨林　邓义祥　雷坤　乔飞　胡颖　韩雪梅　赵健　富国　孙宁　著

中国环境出版集团·北京

图书在版编目（CIP）数据

控制单元水质目标管理方案实施与效果评估/郝晨林
等著. —北京：中国环境出版集团，2022.12
ISBN 978-7-5111-5379-1

Ⅰ．①控… Ⅱ．①郝… Ⅲ．①地面水—水质
管理—目标管理—研究—中国 Ⅳ．①X321.2

中国版本图书馆 CIP 数据核字（2022）第 244323 号

出 版 人 武德凯
责任编辑 黄 颖
封面设计 宋 瑞

出版发行 中国环境出版集团
（100062 北京市东城区广渠门内大街 16 号）
网 址：http://www.cesp.com.cn
电子邮箱：bjgl@cesp.com.cn
联系电话：010-67112765（编辑管理部）
发行热线：010-67125803，010-67113405（传真）
印 刷 北京建宏印刷有限公司
经 销 各地新华书店
版 次 2022 年 12 月第 1 版
印 次 2022 年 12 月第 1 次印刷
开 本 787×1092 1/16
印 张 6
字 数 117 千字
定 价 36.00 元

中国环境出版集团郑重承诺：
中国环境出版集团合作的印刷单位、材料单位均具有中国环境标志产品认证。

# 前　言

　　总量控制制度和排污许可制度是我国环境管理的两项基本制度，《中华人民共和国水污染防治法（2017 年修订）》第十八条规定国家对重点水污染物排放实施总量控制制度，第二十二条规定直接或间接向水体排放污水和废水的排污单位需要申领排污许可证。完善的总量监测技术是实施总量控制的技术后盾，是控制单元水质目标管理方案实施与效果评估的核心。污染物总量监测是指对特定流域、区域或污染源进行监测和评估，以确定监测对象在一定时间内的污染物排放总量。污染物总量监测包括时间和空间两个特征，时间特征是指监测频率对总量监测结果的影响，研究在给定精度条件下总量监测的最小频率；空间特征是指污染源抽样方法对总量监测结果的影响，研究以较少的监测样本取得最好的总量估计效果。

　　控制单元水质目标管理是我国水环境管理的发展方向。按照"分区、分类、分级、分期"的"四分"理念，建立实施控制单元水质目标管理体系，是水环境质量得以改善的重要措施。建立控制单元污染源管理体系，包括污染源源头控制、过程管理、终端治理和排放监测管理，减少控制单元污染物排放负荷，减轻污染源排放对环境的压力，是实现控制单元水质目标的必由之路，是治本之策。对控制单元水质目标管理的实施效果进行评估，主要包括对污染源排放量和区域排放总量进行监测和评估，以确保其达到控制单元污染物总量控制的要求。

　　污染物总量监测包括河流断面污染物通量监测和污染源排放总量监测。河流断面污染物通量监测是评估控制断面以上流域内污染物排放总量的重要手段；污染源通量监测是评估污染源排放情况和总量排放达标情况的基础。

　　针对河流断面通量监测，本书收集了江西省南昌市滁槎断面 2005—2007 年 3 年的水量和水质资料，采用蒙特卡罗（Monte Carlo）方法，模拟采样时间间隔分别为 2 d、3 d、5 d、6 d、10 d、15 d 和 30 d 的河流水质采样方案，并计算每种采样方案下的污染物通量；采用系统误差和离散程度两个指标，比较了 5 种常规通量估计方法的误差分布，以对河流污染物通量估计方法进行筛选。通过分析通量误差与采样时间间隔的相关性，建立了通量误差随采样时间间隔的相关性趋势线。研究发现，在给定±20%误差范围条件下，高锰酸盐指数（$COD_{Mn}$）的采样时间间隔应不大于15 d，氨氮（$NH_3$-N）的采样时间间隔应不大于10 d。

针对污染源通量监测，本书以 2009 年江苏省常州市武进区漕桥污水处理厂逐日监测数据为基础资料，以降低年排放量估计值的误差为目标，采用 Monte Carlo 方法模拟了不同监测频率的监督性监测方案，并分析各监测方案的估计误差，建立了排放量估计误差关于监测频率的相关性趋势线。利用该趋势线既可计算给定监测频率下的估计误差，也可确定给定误差范围的最低监测频率。研究结果表明，对该污水处理厂每年 4 次的监督性监测，其年排放量估计值的误差约为 ± 20%。

针对污染源抽样监测，本书以辽宁省营口市为例，利用营口市污染源普查数据对污染源排放总量的抽样监测方案进行了研究。不同行业的污染源排放量分布具有一定的差异，因此需依据污染源类型采取差异化的抽样监测方法。工业行业污染源等标污染负荷分布具有高度集中的特点，采用重点污染源监测的方式对工业污染源进行总量监测，以日排水量大于 100 t 或按从大到小排序累计等标污染负荷大于 85% 作为重点污染源筛选原则，营口市共有 65 家工业企业进入监测名单，累积等标污染负荷控制比例在 90% 以上。畜禽养殖污染源排放量分布具有相对分散的特点，采用分层对称抽样方法对畜禽养殖污染源进行总量抽样监测，以降低行业排放总量估计误差为目标，对污染源分层抽样层数、总体样本量、各层样本抽样方式、总体总值估计方法等进行了研究。本书对比了分层对称抽样与分层随机抽样两种抽样方法排放总量估计值误差，结果表明分层对称抽样误差要小于分层随机抽样。

# 目　录

# 第 1 章　研究背景和意义

## 1.1　研究背景

改善水环境质量一直是我国水环境管理的核心任务。国内外成功的水环境管理实践证明，根据流域环境质量目标控制污染物排放的流域控制单元水质目标管理是成功的理论和方法。"十一五"以来，由中国环境科学研究院承担的国家水体污染控制与治理科技重大专项——水专项，借鉴国内外流域水质目标管理理论和实践，遵循以水质达标为根本目的、以总量控制为技术基础、以排污许可为管理手段的水质目标管理理念，形成了由流域控制单元水环境问题诊断、水质目标确定、污染负荷核算和解析、污染源-水质响应关系分析、容量总量分配、排污许可管理等核心技术组成的流域控制单元水质目标管理技术体系。

污染源总量监测和评估技术是排污许可管理环节的关键技术，从目前的文献来看，虽然我国理论界已经开始重视污染物总量评估，但还没有形成系统性的研究成果。我国与污染物总量评估有关的规范有原国家环境保护总局发布的《水污染物排放总量监测技术规范》（HJ/T 92—2002）和原国家海洋局发布的《江河入海污染物总量及河口区环境质量监测技术规程》（国家海洋局　2002 年 4 月），但这两个规范更侧重于监测方法（例如，监测断面、频率、采样方法以及测试手段），与区域内的污染物总量监测仍然有一定的距离。总体来说，目前我国对于区域内污染物总量监测尚缺乏细致深入的研究。

控制单元水质目标管理的监测涉及对污染源排放的监测和对河流断面通量的监测，监测的对象复杂、不确定性高，因此建立规范的监测评估体系，是实施控制单元水质目标管理的重要保障。

## 1.2 研究意义

### 1.2.1 总量控制目标的调整对污染源总量监测提出了新要求

"十三五"以来,我国水环境质量持续改善,水环境管理的目标也由断面达标逐步过渡到"水资源、水环境、水生态"三水统筹,相应地,总量控制也由目标总量向容量总量过渡,各省(区、市)陆续开展了"三线一单"编制工作。"十四五"期间,我国总量控制将逐步由过去"自上而下"的总量目标分配方式转变为"自下而上"的目标确定模式,即由地方自主依据水质目标确定总量目标的模式。总量控制目标的新调整,对污染源总量监测提出了新要求。

### 1.2.2 总量监测是管理部门监督体系的有机组成部分

只有对控制断面的污染物排放总量进行研究,才能对控制单元是否达到了预期的水质目标进行考核。由于总量监测需要大量的流量数据和水质数据,因此减少监测成本、提高通量估计值的准确性是实施总量监测的重要内容。本书将根据典型控制单元的流量和污染物浓度变化规律,对采样对象、采样方法和频率进行研究,力求既保证总量监测的代表性和有效性,又尽可能地降低监测成本。

## 1.3 研究内容和技术路线

### 1.3.1 研究内容

本书的研究重点主要包括以下两个方面。

(1)监测频率研究

监测频率对河流断面通量和污染源排放量估计结果的影响是本研究的重点之一。本研究将自动站在线监测数据、人工监测数据和数学统计方法相结合,研究监测频率对断面通量和污染源排放量估计结果的影响,并提出合理的监测频率建议。

(2)污染源抽样方法研究

污染源的抽样方法设计旨在以最少的抽样样本和监测成本,达到最好的监测效果。

本研究必须以数理统计方法为基础，结合控制单元污染源本身的排放特点，选择系统误差较小的抽样方法，提出可操作性强的污染源抽样方案。

## 1.3.2　技术路线

本书结合水环境管理和总量考核的需求，从断面通量监测和污染源总量监测两个大方向研究总量监测的方法和技术。断面通量监测重点突破通量估计方法和监测频率的确定，具体实施路线见图 1-1。

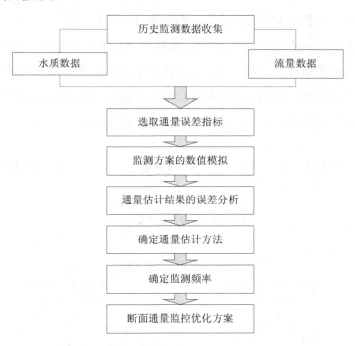

图 1-1　断面通量监测研究技术路线图

如图 1-1 所示，第一步是收集断面历史监测数据，包括水质数据和流量数据，按照时间顺序进行整理排序。第二步是选取通量误差的评价指标，用于分析评估通量估计值的误差。第三步是通过数值仿真模拟不同通量估计方法和不同监测频率的水质采样方案。第四步是模拟计算不同采样方案的断面通量及误差。第五步是通过分析不同统计方法的通量估计值的误差，确定通量估计方法。第六步确定通量估计方法后，通过分析不同监测频率的通量估计值的误差，确定最经济的监测频率。第七步是依据确定的断面监测频率和通量估计方法，提出优化后的断面通量监测方案。

完成一次污染源普查需要投入大量的人力和物力，对流域内所有点源均实施总量监测通常存在很大的困难。在污染源管理中，污染源总量监测方案的制定需要在监测成本和排放总量估计的准确性二者间进行平衡，期望以尽量少的监测样本总量获得流域的点源排放总量的准确信息。本书从监测方案的制定过程入手，以降低污染源监测成本、提高流域点源排放总量估计结果的准确性为目标，研究总量监测方案的优化方法，具体实施路线见图 1-2。第一步是收集现有污染源的排放量监测数据，包括在线监测数据、人工监测数据和监督性监测数据，按照工业污染源和畜禽养殖污染源对数据进行分类整理。第二步是分析工业污染源、畜禽养殖污染源的排放量频率分布特征，绘制频率分布直方图。第三步是依据工业污染源排放量的频率分布特征，设置重点污染源划分原则，筛选重点监测企业。针对畜禽养殖污染源，依据养殖规模进行分层，设置分层抽样方案。第四步是采用数值模拟计算工业污染源和畜禽养殖污染源监测方案的污染物排放总量。第五步是分析不同监测方案的污染物排放总量估计误差。第六步是在监测成本与污染物排放总量估计误差之间进行权衡，提出优化的总量监测方案。

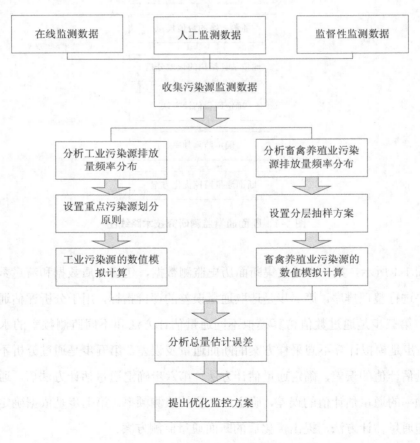

图 1-2　污染源总量监测研究技术路线图

## 1.4　本章小结

　　本章主要对研究的背景、意义、内容和技术路线进行了分析。开展污染源总量监测技术研究，建立科学的总量监测评估体系，既是实施控制单元水质目标管理的重要环节，也是环境管理部门进行污染物总量控制重要的技术手段。

　　本书结合控制单元水质目标管理和总量考核的需求，从河流断面通量监测和污染源总量监测两个大方向研究总量监测的方法和技术。河流断面通量监测侧重于河流断面的监测频率及误差分析研究；污染源总量监测研究则从具体污染源的通量监测研究到针对不同类型污染源监测策略的研究，建立从点到面的污染源总量评估体系。

# 第 2 章　国内外研究进展

## 2.1　国内外水质监测体系概况

### 2.1.1　国内水质监测体系概况

我国对水环境进行监测的部门有生态环境部门和水利部门。

水利部门的水质监测工作开始于 20 世纪 50 年代中期，大致经历了三个发展阶段。第一阶段为 1956—1970 年，主要任务是收集江河天然水质资料，监测的内容为天然水化学成分。第二阶段为 1970—1985 年，水利部门的水质监测工作步入全面发展阶段。1971 年北京官厅水库出现死鱼现象，北京市水利局立即在官厅水库管理处建立了水化室，开展了水质污染项目的监测。我国先后恢复和建立了长江水利委员会、黄河水利委员会、淮河水利委员会、珠江水利委员会、海河水利委员会、松辽河水利委员会和太湖流域管理局 7 大流域机构，开展污染项目的监测工作。1974 年，全国水文工作和水源保护会议强调"各省水利部门和流域机构，要逐步建立水化室，经常检验水系水质变化情况"。随后，在水利部门内增设了水质监测单位，水质监测工作在全国水利部门相继开展起来。第三阶段为 1985 年至今，水利部门的环境监测工作得到快速发展。1985 年，水利部编制了全国水质站网规划，拟在全国建立 3 015 个水质站。目前已建成了覆盖全国的水环境监测网络，其中包括 2 600 多个水质站、2 800 多个水质监测断面、200 多个水系水质本底站、100 多个入海河口水质站。同时，为了保证众多监测网点数据的科学性和公正性，从 1985 年开始对水质监测实施了实验室质量控制；从 1993 年开始对全国 240 多个水环境监测中心及分中心组织申请计量认证，截至 1997 年年底，水利部门的水环境监测机构全部通过国家级计量认证考核，推进了水利部门水环境监测系统的能力建设。

2003 年，国家环保总局下发了《关于新建和调整重点流域环境监测网的通知》（环发〔2003〕46 号），新建和重新调整了国家环境监测网。文件确定了长江、黄河、淮河、海河、珠江、辽河、松花江、太湖、巢湖和滇池十大流域国家环境监测网。常规监测主要以流域为单元，优化断面为基础。采用手工采样、实验室分析的方式。生态环境部门在全国重点水域共布设 759 个国控断面（其中含国界断面 26 个，省界断面 145 个，入海口断面 30 个），监测 318 条河流，26 个湖（库），共 262 个环境监测站承担国控网点的监测任务。其中，长江流域 105 个；黄河流域 44 个；珠江流域 33 个；松花江流域 42 个；淮河流域 86 个；海河流域 70 个；辽河流域 38 个；太湖流域 111 个；滇池流域 19 个；巢湖流域 24 个；另外还在 26 个国控重点湖库上设置断面 110 个，浙闽片、西南和内陆诸河共 77 个。2003 年以前，按水期进行监测，每年进行枯、平、丰 3 个水期共 6 次监测。自 2003 年开始，每月开展监测。监测时间为每月的 1～10 日。每月河流的监测项目为水温、pH、电导率、溶解氧、高锰酸盐指数、五日生化需氧量、氨氮、石油类、挥发酚、汞、铅等 11 项，部分省界断面还进行流量监测，以计算污染物通量。湖库的监测项目在河流监测项目的基础上，增加总磷、总氮、叶绿素 a、透明度、水位等 5 项。每个水期河流和湖泊的监测项目按照《地表水环境质量标准》（GB 3838—2002）中表 1 规定的 24 个项目进行。

## 2.1.2　国外水质监测体系概况

（1）美国

在美国，负责全国环境保护管理的部门主要包括美国国家环境保护局（USEPA）、区域办公室（10 个，按地区而并非按流域或水系设立）和各州环保局。USEPA 的主要职责是进行宏观管理，负责制定有关环境保护的法规、政策、标准与方法，并监督执行，是环境保护的综合协调管理机构。例如，在《清洁水法案》（*Clean Water Act*）的授权下，制定地表水监测导则，提出水质分析应包括的内容，并指导和检查各州的执行情况。区域办公室的职能是监督辖区内的环境执法情况，进行工业企业和市政污水处理设施的监督性监测，会同 USEPA 提出和指导制订特殊目的监测计划。各州环保部门是水环境监测工作的组织者，在 USEPA 的授权和指导下制订地方水环境监测导则、实施办法和监测计划，并按 USEPA 的要求提交监测报告。尽管各州都有自己独立的水环境监测计划，但是都要满足 USEPA 的要求。

USEPA 只是负责对监测工作进行管理指导，自身并没有建立本系统的国家级水环境监测站网，也没有建立本系统的水环境监测队伍，环境信息主要来自其他监测部门、社会团体（如大学、环保组织、工业企业等）以及市民志愿者。各州环保局也会根据具体的监测计划，委托签订合同的实验室进行水环境监测工作，由 USEPA 按合同给予经费补助。USEPA 也进行一些少量的监测工作，如为监测典型生态系统水质状态和变化趋势信息实施的《环境监测与评估计划》（*Environmental Monitoring and Assessment Program*，EMAP）。

美国内政部由国会拨款成立联邦地理调查（US Geological Survey，USGS）技术机构，专门负责收集自然界信息，下设东南、中部及西部 3 个区域办公室，其中水资源部有 4 000 余名工作人员。与 USEPA 不同的是，USGS 有自己完整的国家监测站网，包括水质和水文监测站网，以及采样、样品处理、保存与分析技术规范与规定，有相应的专业监测队伍，负责全美地表水体、地下水体及大气降水的水质与水量的监测。USGS 在全美设有 150 万个监测站点，其中有 85 万个是地表水监测站点，这些监测站点有很大一部分是实时监测。由于反映美国水资源质量状况的报告均由 USGS 负责提出，因此 USGS 是美国地表水与地下水水质监测的权威单位。其水质和水量方面的监测成果及时转入数据库，由政府各部门和社会共享。而 USEPA 由于缺乏统一的流域监测站网规划与监测技术，在掌握全美地表与地下水环境质量方面主要依靠 USGS。

大学、环保组织、工业企业等单位也根据自身的目的进行水质监测，并将数据结果同政府决策者共享。一些市民监测志愿者也定期采集和分析水样、进行物理条件的感观评价和生物健康测定。目前，志愿者的队伍正快速增长，他们为水环境管理提供了越来越重要的环境信息。USEPA 为此还专门制定了《志愿者监测质量保证技术导则》（*The Volunteer Monitor's Guide to Quality Assurance Project Plans*）。

（2）日本

日本的国家环境行政主管部门是环境省（Ministry of the Environment），它既实施必要的环境监测，也协助地方自治体实施环境调查、购置自动监测仪器、开展法定的调查和研究等工作，并通过发布告示等方式统一监测方法。日本 47 个地方自治体的都道府县都设有环境监测部门，并全部开展水质连续监测，其监测数据上报环境省。在日本，各个省、厅的监测报告和有关数据都会公布在其网站上。

环境省一直资助执行公共水域调查监测计划所需的经费，这些经费被提供给地方行政长官和指定城市的市长，用于《水污染控制法》要求实施的水质调查和监督性监测。环境省也资助地方政府和指定城市安装自动水质监测系统，截至 1996 年年底，这样的监测系统已建成 163 处。建设省（Ministry of Construction）从河道管理的角度，在一级河流上也执行同样的计划。截至 1996 年年底，建设省已在 67 个流域建立了 148 个自动水质监测系统。在当地志愿者的合作下，环境省和建设省也进行有关生物指标的水质监测。

（3）欧盟

欧盟各成员国开展了跨欧洲尺度的陆地生态系统的跨国监测和评价计划，在监测网络建设、环境标志要素、环境质量基准、监测技术、评价方法、数据整理系统和预测模型分析等方面均取得了长足的进展。

## 2.2　污染物通量研究进展

### 2.2.1　通量研究的内涵

目前，国内外在通量方面的研究主要集中在以下三个方面。一是陆源入湖泊（海洋）通量，指经由河流及湖滨带（海岸带）进入湖泊（海洋）的物质；二是沉积物与水界面交换通量；三是气源通量，即研究汇水区域的大气干湿沉降通量。

#### 2.2.1.1　陆源入湖通量

湖泊的污染物来源有外源和内源之分，外源负荷一般通过入湖河道和大气的干湿沉降、地下水入渗以及湖泊四周的地表径流进入湖泊水体，内源负荷则主要通过沉积物的释放进入湖泊水体。外源负荷对湖泊水质的长期变化起着决定性作用。水体中的营养物质氮（N）和磷（P）是湖泊中藻类暴发的关键因素。许朋柱等根据 2001—2002 水文年 115 条环太湖河道的同步监测资料，对水量及河流污染物通量进行了估算。通过分析各河流的进出湖污染物通量及与 20 世纪 90 年代相同年型的数据对比得出，除总磷（TP）外，其他污染物 [$COD_{Mn}$、总氮（TN）] 的入湖量均明显增加，且污染物在湖泊中的滞留率也明显提高，由此说明环太湖河道入湖污染物的增加是太湖水质恶化的根本原因。

#### 2.2.1.2　陆源入海通量

陆地与海洋的相互作用已经成为全球环境变化研究的主要内容，入海河流的水质状况和污染物的输送通量作为影响海洋的中心问题受到日益广泛的关注。夏斌对 2005 年环渤海的 16 个入海河流断面进行水质和通量分析发现，将近 80% 的断面水质在Ⅳ类以下，通过对河流的有机污染状况分析得出，16 个河流断面的总有机碳（TOC）平均值约为 16.41 mg/L，表明环渤海 16 条河流的 TOC 污染非常严重。王修林等综合考虑陆源、气源、海源三个方面进入渤海的 COD 通量（其中陆源包括河流、排污口、面源和海水养殖），给出了面源通量的估算公式，此外还计算了大气干湿沉降的入海通量，结果表明渤海 COD 的入海总通量主要来源于陆源（河流、排污口和面源），约占 COD 入海总通量的 72.3%，其中大气沉降比例较小约为 25.1%，海水养殖最小约为 2.6%。李莉等根据 2007 年入胶州湾的 7 条主要入海河流断面水体污染调查资料，分析了各河流的水质状况，并计算了 COD、$NH_3$-N、TP 和油类等污染物的入海通量。

泥沙对于水环境中污染物特别是有毒污染物的迁移转化有着至关重要的作用，为此大量学者致力于研究泥沙的入海通量。人们对因人类活动破坏碳（C）、氮（N）、磷（P）等生命元素循环平衡而导致生态环境恶化早已熟知，但对另一种生命元素硅（Si）循环平衡的破坏却知之甚少。通过对大通、玉树、上海等水文监测站近 50 年来的降雨量、流量、溶解无机氮（DIN）（$NO_3^-$）和溶解无机磷（DIP）（$P_2O_5$）浓度、输沙量等记录进行加权平均和三次线性回归拟合分析发现，1959—1984 年长江溶解硅（DSi）浓度减少了 53.33 μmol/L，且 DSi 与输沙量呈正相关（置信水平为 0.896），与 DIN 呈负相关（置信水平为 0.792）；与流量和降雨量的相关性较复杂（置信水平分别为 0.757 和 0.405），当流量和降雨量分别小于 27 386 $m^3$/s 和 1 210 mm/a 时为正相关，当流量和降雨量分别大于 27 386 $m^3$/s 和 1 210 mm/a 时为负相关。该现象主要由流域内众多水利工程建设和富营养化所致，将可能对长江河口和东海的生态产生一定影响。

### 2.2.1.3　沉积物与水界面交换通量

沉积物作为上覆水体中营养盐的"源"和"汇"，对水体营养盐的收支和循环动力学及水体富营养化具有极其重要的作用。因此，深入研究典型水体的沉积物与水界面营养盐交换及其影响因素对控制和治理水体富营养化、水资源保护具有重要意义。目前，沉积物与水界面营养盐交换通量的研究方法主要有 4 种：实验室培养法、扩散法、质量平衡法和现场法。张洁帆通过 2006 年 5—10 月对渤海湾的 6 个采样站位进行沉积物与水界面营养盐交换通量的测定，以及相关影响因素的实验室培养实验，得出了渤海湾交换通量的实测值及不同海水环境下的交换通量实验值。陈振楼等对长江口滨岸潮滩 7 个典型断面"三态氮"的交换通量进行了 3 年多的季节性连续观测，结果表明：无机氮的界面交换行为存在复杂的空间差异和季节性变化，其中 $NO_3^-$-N 的界面交换通量表现为上下游季节性时空差异，而 $NH_4^+$-N 的交换通量则表现为南北岸季节性时空差异。王军等采用 GIS 技术建立了长江口湿地沉积物—水界面无机氮交换通量空间插值模型、总通量量算模型和系统，利用该系统和长江口 2000 年 10 月至 2004 年 7 月无机氮界面交换通量季节性实测数据，对长江口湿地沉积物—水界面无机氮交换通量进行了量算。结果表明：长江口湿地沉积物在春季向水体释放无机氮，在夏季、秋季和冬季则净化水中的无机氮，全年总体表现为净化水体中无机氮。

#### 2.2.1.4 气源通量

气源通量研究中用到的模型包括大气污染物的基本扩散数学模型、河流湖库水质模型、海—气交换模型、沉积通量模型、垂直通量模型等。气源通量研究主要集中在大气的沉降，包括大气干沉降和大气湿沉降。干沉降是气溶胶粒子的沉降过程。气溶胶的化学成分随地理位置、天气条件的不同有很大的变化。气溶胶水溶液的主要离子有 $H^+$、$Na^+$、$K^+$、$Ca^{2+}$、$Mg^{2+}$、$NH_4^+$、$SO_4^{2-}$、$NO_3^-$、$Cl^-$ 等，此外还有许多痕量元素和有机化合物。气溶胶的研究在欧美发达国家起步较早，M D Loye-Pilot 等研究了撒哈拉沙尘后得出，其通过大气输入对西北地中海、大西洋的氮和硫沉积贡献非常突出。J G Irwin 等指出气体和颗粒的干沉降很大程度上受边界层的混合结构和表面特征所控。R J Vong 研究了亚洲地区的二氧化硫（$SO_2$）经过太平洋运移而发生的变化，得出其可在 8 天后穿过太平洋到达北美洲。8 天里亚洲排入大气的 $SO_2$ 将全部转化为 $SO_4^{2-}$ 气溶胶，但大部分在途中被清除。

我国的地理形势复杂多样，由此导致的大气运动的多样性决定了气溶胶的分布特点十分复杂。全浩研究了亚洲沙暴活动，认为北太平洋的矿物浓度全年呈季节性变化，与亚洲沙暴活动相一致。熊际翔等指出大粒径粒子多来自扬尘、工业和建筑业，而小粒子很大部分是二次颗粒物，$SO_4^{2-}$ 气溶胶占较大比例。曾幼生等指出渤海受大陆大气颗粒物的影响较大，而黄海的海洋性特征较强，受大陆的影响较小，这与渤海是内陆海而黄海濒临太平洋这一地理特征关系相一致。张经在研究了颗粒态重金属通过河流与大气向海洋输送后指出，在中国近海海域，铝（Al）、铁（Fe）、锰（Mn）等地壳元素主要通过河流向海洋输送，其输送量是大气输送的 5 倍左右，而锌（Zn）、铅（Pb）、镉（Cd）、镍（Ni）等重金属的河流与大气输送量相似，说明大气在输送人为污染物方面更具优势。

欧洲和北美学者在湿沉降对海洋系统的影响方面做了很多研究工作，取得了大量成果。他们在湿沉降对海洋生态系统营养盐的输入方面研究得比较详细和透彻。C Nagamoto

等对 1984—1989 年太平洋 7 个调查航次的雨水进行分析后指出，在大港口附近，雨水酸度最大，其 $SO_4^{2-}$、$NO_3^-$ 浓度也最高，这说明从大陆运移过来的人类活动产生的污染物对海洋沉降有影响。美国为了研究大气环流对酸雨的影响、分布和边远清洁地区降水的化学组成迁移变化规律，建立了纯海洋型（以印度洋地区阿姆斯特丹岛、大西洋地区百慕大群岛为代表）、海陆相间型（以太平洋地区澳大利亚凯瑟琳镇为代表）、内陆型（以中国丽江玉龙雪山为代表）的降水背景点。W C Keene、J N Gallowy、E Sanhuza、刘嘉麒等在研究背景点降水后得出的结论总结如下：降水背景点的酸度都很高，基本上由硫酸（$H_2SO_4$）、有机酸［甲酸（HCOOH）、乙酸（$CH_3COOH$）］组成。对海陆相间型和内陆型降水背景点来说，有机酸对酸度的贡献所占比重最大。对纯海洋型降水背景点来说，$H_2SO_4$ 所占比重最大。王修林等综合考虑陆源、气源、海源三方面进入渤海的 COD 通量，得出大气沉降通量比例为 25.1%。在黄海区域，有 65% 的溶解无机氮和 70% 的溶解无机磷通过大气湿沉降被输送入海。张国森等为了解大气湿沉降对赤潮发生的影响，分析了长江口大气湿沉降营养盐的季节通量，并与河流输入量进行了对比，证明了湿沉降对营养盐的年输入量影响较小。

### 2.2.2 通量监测频率研究

监测站点位置主要决定监测数据的空间代表性，而监测频率主要决定监测数据的时间代表性。应力求以最少的监测点位和最低的采样频率，取得最有代表性的样品。决定监测频率的方法有经验法、统计分析法及利用流域特征和流量特征来选择监测频率的方法。由于水质变化是一个具有复杂时空变化的随机过程，水质随时间变化越大，监测频率应越高。对于多站多水质变量情况下监测频率的选择，国内外尚无统一方法，目前已有的各种方法都有其片面性和不合理性，且计算结果相差甚大，其中采用较多的是计权方法。

荷兰运用轻量级（Lettenmaier）技术对国控水质监测网进行了优化。轻量级技术是基于水质变量的一阶自回归模型。由于实际上水质时间序列不满足一阶自回归模型，因此轻量级概念扩展到二阶自回归模型。扩展后的轻量级技术在荷兰的应用表明，采样站位应减少而监测频率需要增加。结果采样站位从 400 个削减到了 260 个；监测频率与水体类型有关，湖泊、运河、近海水域等滞流水体每年采样 12～13 次，河流、海湾等流动水体每年采样 24～26 次。

美国河川水质监测网（NASQAN）对俄亥俄（Ohio）水系 30 个监测站位的空间代表性做了研究，发现 53 个水质参数中半数以上在 1/3 以上站位上无显著性差异。研究表明，所有监测项目的监测频率应从 2 个月或 3 个月 1 次提高到每月 1 次；并应削减高峰流量时的采样次数，因为高峰流量时采样会导致某些参数产生极值，大大增加了数据方差。

中国台湾北部基隆河水质监测网在设计中采用了克里格（Kriging）理论进行优化选点，结果表明，需要在下游河段增设采样点，基隆河的监测站位应为 21 个，监测频率需为每月约 2 次或 3 次。

地面水监测网设计是多目标决策问题，近年来，信息理论中的熵原理也被引入监测网设计，以评价监测网效率及费用-效益。熵是水质随机过程不确定性的量度，由监测带来的不确定性的减少等价于信息量的获得，熵间接表示一系列数据的信息量，其基本点在于获得足够量的信息，既不缺失也不重复。水质监测项目应结合监测目标选取。不同采样站位的监测项目不必完全相同，各监测项目的监测频率也可不同。

## 2.2.3　通量误差研究

河流污染物瞬时通量是流量与浓度的乘积，但获得长时段的通量（如年通量）则需要对该时段内的瞬时流量和浓度的监测记录进行研究。由于大多数水文站均具有流量连续监测记录，因此长期的连续流量资料相对容易获得；而水质监测周期相对较长（如 1 周、1 个月或者 2 个月，甚至更长的监测周期），因此污染物浓度的连续数据较难取得。例如，我国常规水质监测通常会有 1 个月或者 2 个月的监测时间间隔；德国地区环境部门通常每年定期不连续监测采样 13～24 次；其他国家也有类似的采样策略。

由于数据相对稀缺，如何准确地估计河流污染物的通量，尽可能地减小通量估计误差，一直是河流污染物通量研究的热点。自 20 世纪 80 年代以来，出现了许多基于统计和经验的通量估计方法，但在给定的监测频率下，采用这些方法估计通量的可靠性则有较多的争议。例如，A Vllrich 比较了用 3 种不同时间频率的采样方案和 4 种不同的通量估计方法来校准模型，结果表明，时间间隔和河流污染类型对通量估计结果的影响较大；陈炎分析了两种类型的河流的 COD 污染通量变化特征，表明点源污染量变异系数一般在 30%～60%，面源污染量变异系数可达 127%～207%。此外筑坝等人为活动对自然水体的影响突出，增加了通量估计的不确定性。基于此，研究从通量估计方法和采样时间间隔两个角度，分析了河流污染物通量估计误差，并提出了相应的建议。

通量的统计方法研究始于 20 世纪 80 年代早期，并发展出了许多通量估计方法。不同监测频率下采用不同公式通量估计结果的可靠性一直是研究的热点。通常采用精度作为反映通量估计结果与真值接近程度的量，它与误差的大小相对应，因此可用误差大小来表示精度的高低，误差小则精度高，误差大则精度低。通常用到两种类型的误差：正确度（表示测量结果中系统误差大小的程度，反映了规定条件下，测量结果中所有系统误差的综合）、精密度（表示在一定条件下进行多项测量时，所得测量结果彼此之间符合的程度，它反映测量结果中随机误差的影响程度）。分析方法大体分为均值估计、百分比估计、线性回归 3 种方法。F Moatar 等收集了法国一些站点 [塞纳河（Seine）、马恩河（Marne）、瓦兹河（Oise）、卢瓦尔河（Loire River）] 以及美国伊利湖（Lake Erie）支流 [格兰德河（Grand River）、凯霍加河（Cuyahoga River）] 逐日监测共 10 年的水质水文监测资料。采用流量加权平均浓度计算了相应的年际和年通量，并与各种通量进行比较，给出了误差分布：置信区间（误差的最大和最小分位数的范围）、偏差（误差的中位数）。

陈炎分析了两种类型的河流 COD 污染通量的变化特征。汇水面积较大的河流，下游断面汛期 COD 通量远大于点源 COD 入河排污量，典型河流断面可达其 9～22 倍。这类河流 COD 污染通量与河水流量呈显著正相关，相关系数 $R^2$ 值在 0.903～0.997，文中给出了线性回归方程。河流点源污染量变异系数一般在 30%～60%，面源污染量变异系数可达 127%～207%。富国通过对不同方法计算的通量结果的误差比较分析，说明了实测河流断面时段通量估计中时均离散通量对误差的贡献，并讨论了点源污染量与非点源污染量占优、不同河流类型的差异对年通量的估计结果的影响。文中通过实例探讨了长时段通量的估计公式的适用范围，给出了公式的适应原则。

通量估计的误差来源有测流误差、水质采样误差、水质分析误差、断面离散采样的代表性不强及监测频率带来的误差等。此外，汇水区域的大小、采样方案、通量时段跨度等都会影响到通量计算的准确性。M Volk 的研究结果显示采用日混合数据计算的年硝态氮总量数值的变化范围最小（9.8%～15.7%），相反地，次月和逐月数据的年通量估计结果变化很大（24.9%～67.7%）。

水电、筑坝等人为活动对自然水体的影响突出，增加了污染物通量估计的不确定性。为了保证采样水质数据的代表性，监测断面一般设在排污口下游的完全混合点以下，若河流不断有较大支流汇入，将对完全混合点与排污口的距离产生影响，如果由于支流的影响而使监测断面处于不完全混合状态，则不能用监测点的数据代表平均数据用以通量计算。

## 2.3　水质在线监测技术应用的回顾与展望

　　水质在线监测系统是 20 世纪 70 年代发展起来的，如今在美国、英国、日本、荷兰等国家已经有了相当大的规模并被广泛应用，且已纳入网络化的"环境评价体系"和"自然灾害防御体系"。目前，水质在线监测系统在国外的地表水、污水处理厂、水厂、供水管网、水产养殖场、天然浴场、水库及沼泽等水质监测中应用广泛。近年来，我国的水质监测技术逐步由传统的手工采样监测向自动在线监测转变，自动在线监测系统在污染源监测、地表水质量监测以及突发事件中得到较为广泛的应用。实施地表水水质的在线监测，可以实现水质的实时连续监测和远程监测，及时掌握主要流域重点断面水体的水质状况，预警、预报重大或流域性水质污染事故，解决跨行政区域的水污染事故纠纷，监督总量控制制度落实情况。回顾和分析水质在线监测技术在国外和国内的应用发展过程，了解其最新进展，将有助于这一技术在国内水质管理中发挥更大的作用。

　　水质在线监测系统是以在线自动分析仪器为核心，综合运用现代传感器技术、自动测量技术、自动控制技术、计算机应用技术以及相关的专用分析软件和通信网络所组成的自动监测体系，其系统组成一般包括监测站房（总站、中心站、基站）、控制单元、采水单元、配水单元、监测单元、数据处理单元和数据传输单元，图 2-1 是水质在线监测系统的一般结构图。

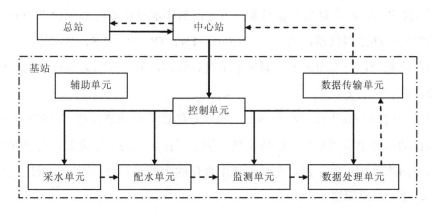

图 2-1　水质在线监测系统一般结构图

### 2.3.1 国外水质在线监测技术应用进展

国外的水质在线监测系统起步于 20 世纪 70 年代。美国、日本、英国、德国和法国是将水质自动监测系统应用于江、河、湖、库水质监测较早的国家。

美国从 1975 年开始建立由 13 000 个监测站组成的自动连续监测网，进行地表水、地下水和污水的全方位监测，监测项目包括水温、pH、浊度、电导率、溶解氧（DO）、$NH_3\text{-}N$、生化需氧量（BOD）、COD、TOC 等指标。同时，由分布在不同流域和州（地区）的监测网中的 150 个监测站组成了联邦水质监测站网，即国家水质监测网（NWMS）。在此基础上，美国于 1976 年建立了国家水质预警系统。"9·11"事件以后，美国更加重视本土安全，为防范供水系统遭到恐怖主义袭击，美国建立了供水系统早期预警系统（EWS），提高了对供水系统生物、化学、放射性污染物的监测和屏蔽能力。

日本早在 1976 年就开始在公共水域设立水质自动监测仪；1971 年以后，由环境省支持，开始在东京、大阪等地建立水质自动监测系统；到 1992 年 3 月，已在 34 个都道府县和政令市设置了 169 个水质自动监测站。此外，还在全国的一级河流的主要水域设置了 130 个水质自动监测站。此外，日本通过了《水质污染防治法》，以法令的形式规定了 BOD、悬浮物（SS）及各种有害物质的允许浓度，同时在各水域和几乎所有工矿排水处都设立了自动监测系统。日本于 1978 年制定了《水环境总量控制标准》，每隔 5 年对 COD 削减计划进行一次重新审定。自 2004 年起，在原来的 COD 削减计划基础上，又增加了 TN 和 TP 两个总量控制对象。规定向封闭水域排放污水量超过 $400\text{m}^3/\text{d}$ 的企业，必须安装自动监测仪器，连续监测 COD、TN、TP、pH、SS、浊度等。通过应用污染源自动监测系统，一方面对各控制标准值进行管理，另一方面为制订新的污染削减计划建立数据库。

英国于 20 世纪 60 年代末在泰晤士河流域开始试验自动监测技术，1975 年建成泰晤士河流域自动水环境监测系统，这些监测系统布置在流域的关键位置，用于保护取水点和监测大型污水处理厂的下游、主要河流汇合口的上游或下游，同时，采用其监测数据评价水质、建立水质模型。

德国为保护莱茵河水质，1972 年在位于莱茵河的德国黑森州与北威州的交界断面建立了 Rhein-Sued 水质自动监测哨。该监测哨不仅能对水温、溶解氧、电导率、pH 等常规参数进行 24 小时连续不间断的在线监测分析，还具备对有机碳、氯化物、总汞、β-放射性、γ-放射性以及鱼类的毒性作用进行定时监测分析的能力。除此之外，借助常规的化学分析手段定期对水体中的 $NH_3$-N、亚硝酸盐、挥发酚、COD、BOD 等进行分析；并配备对于有毒重金属（如铅、镉、铬等）进行分析的原子吸收仪、气相色谱仪和分光光度仪等，借助于这些大型仪器确定有毒有机物（如农药中的除草剂、杀虫剂）、矿物油（或汽油）、有机氯类（如四氯化碳、氯仿）等在河水中的含量。该监测哨功能齐全，完成了诸多监测项目，对于确保不同功能区的安全用水、保障莱茵河北威州以及邻国取水用户的用水安全发挥着至关重要的作用。

### 2.3.2 国内水质在线监测技术应用进展

我国的水质自动监测系统建设始于 20 世纪 80 年代，经过 30 多年的应用和发展，我国已经基本建成了国家地表水水质、污染源水质和近岸海域水质自动监测系统。目前，水质自动监测技术在我国广泛应用于河流、湖泊、近岸海域、水库及饮用水水源地、水产养殖业、排污口等的水质监测，各监测系统运行良好，为水资源的保护和利用提供了依据。

#### 2.3.2.1 地表水水质自动监测

为及时、准确、有效地监测全国重点流域的水质，为流域水资源管理和保护提供科学依据，生态环境部门已在我国重要河流的干支流、重要支流汇入口及河流入海口、重要湖（库）及环湖河流、国界河流及出入境河流、重大水利工程项目等断面上建设了 759 个水质自动监测站，监测包括七大水系在内的 63 条河流、13 个湖（库）的水质状况。

目前，水质自动监测站的监测项目包括水温、pH、DO、电导率、浊度、$COD_{Mn}$、$NH_3$-N、TP、TN 共 9 项指标，其中湖泊水质自动监测站的监测项目还包括叶绿素 a 和藻密度。以后也将选择部分点位进行挥发性有机物（VOCs）、生物毒性的监测试点工作。水质自动监测站的监测频次一般为每 4 小时采样分析 1 次。监测数据通过公网 VPN 方式传送到各水质自动监测站的托管站、省级监测中心站及中国环境监测总站。每个水站的监测频次为每 4 小时 1 次，按 0：00、4：00、8：00、12：00、16：00、20：00 整点启动监测，发布数据为最近一次的监测值。

国家地表水自动监测系统运行以来，充分发挥了实时监视和预警功能。在跨界污染纠纷、污染事故预警、重点工程项目环境影响评估及保障公众用水安全方面发挥了重要作用。2002 年，在浙江—江苏的跨省污染纠纷处理过程中，水质自动监测站的连续监测数据在监督企业污染治理和防治超标排放方面发挥了重要作用。2007 年、2008 年、2009

年太湖蓝藻预警监测期间，太湖沙渚、西山和兰山嘴水质自动监测站开展了加密监测，通过对水质 pH、DO 等藻类生长的水质特异性指标的监测，预测、判断了水体的藻类生长状况，为饮用水水质安全预警提供了大量实时数据，发挥了重要作用。

### 2.3.2.2    污染源在线监测

随着社会经济发展和人民生活水平的提高，大量工业废水和生活污水排入河流、湖泊和海洋等水体，污染物排放总量的不断增加，造成大量水体的纳污量超过了环境容量，水体自然生态系统遭到破坏，人类健康受到威胁。"十五"期间为贯彻落实原国家环境保护总局提出的全面开展污染源在线监测的要求，防止偷排、超排现象发生，督促企业达标排放，我国许多省级、市级生态环境厅（局）在各大型企业的排污口均安装了在线自动监测系统，实时监测废水流量和 COD、NH$_3$-N 等污染物的排放浓度。这些在线自动监测系统能够实时、连续、自动监测，使生态环境部门可以随时掌握企业废水排放浓度和排放量，督促企业切实做到达标排放。

水质在线监测技术也应用于污水处理厂出水水质监测。李坚等以广州市某污水处理厂水质在线监测系统为研究对象，采用对比实验的方法，应用数理统计的原理对实验结果进行分析，探讨水质在线监测系统数据的可靠性。经实验及结果分析，污水处理厂水质在线监测系统测得的数据真实可靠，可以用于监管部门对污水处理厂的监督和运行指导。

### 2.3.2.3    近岸海域水质监测预警

一段时间以来，我国海洋污染的形势较为严峻，大量的废水排入海洋，对海水及底质造成不同程度的污染，破坏了生物多样性和海洋生态系统，造成赤潮频繁发生。国外常用的赤潮预测方法有海水温度变动预测法、赤潮生物细胞密度预警法、海水透明度或海水辐射率预警法、赤潮生物活性预警法、海水溶解氧预警法等。近年来，国内学者也越来越关注这方面的研究。庄宏儒研究发现，在线自动监测系统可提前 1~2 天对厦门同安湾的中肋骨条藻或旋链角毛藻进行预警，其预警因子选择了溶解氧和叶绿素 a。研究表明，在线监测系统能成功地对赤潮进行预警。

国家海洋信息中心研究员石绥祥及其团队联合福建省海洋预报台研发的基于海洋大数据的赤潮发生概率预报系统，将赤潮预报精度由传统方法的 40%提高到了 55%。利用该技术手段，系统、准确地预测了 2020 年 4 月 20 日福建省泉州市惠安县附近海域和

2020 年 6 月 1 日福建省福鼎市硖门乡附近海域等多次赤潮灾害事件，为地方政府部门应对灾害提供了有效支撑，在赤潮灾害预警预报领域取得了显著成效。

经过多年努力，我国已经建立起由卫星、飞机、船舶、浮标和岸站组成的国家海洋环境监视监测网络，形成了国家和地方相结合、专业和群众相结合的全国赤潮立体监视监测网络。

### 2.3.3　应用中存在的问题和展望

#### 2.3.3.1　加强部门协作，完善水质自动监测体系

目前，我国开展水质监测的部门除了生态环境部门，还有承担着河流水质监测的水利部门，以及负责城市水资源利用和城市污水灌溉的住房和城乡建设部门。如果各部门之间紧密协作，进行数据共享，不仅能有效地监督企业排污，遏制偷排现象，而且能够结合水量、水质等数据科学地制定污染物总量控制目标。

#### 2.3.3.2　加强水体总量监测

实施水体污染物总量监测，需要大量的水质和流量数据。相对于常规的水质监测，自动监测具有监测频次高、产生信息量大等特点，便于在监测水域实现污染物总量控制，为水体功能区管理和流域内排污企业的污染总量核定提供科学的依据。

#### 2.3.3.3　逐步增加总量监测指标

除了常规的 COD、$NH_3$-N、TP 和 TN 等污染物指标，生态环境部门要加强对特征污染物浓度和排放总量的控制，逐步将重金属、持久性有机物、综合毒性物质等指标纳入总量监测范围，推进重金属、持久性有机物、综合毒性物质的在线监测技术的研发与应用。

## 2.4　污染源总量监测发展概况

### 2.4.1　国外污染源监测现状

国外主要是依靠企业自我监测和排污申报获得污染源的排污信息，环保部门负责对

企业的申报结果进行检查和监督。由于发达国家环境监测的自动化程度较高，并且有健全的法律制度、严厉的惩罚措施和公开的数据共享机制，因此企业一般不敢谎报其排污总量。

在美国，任何排放污水的企业都必须向所在州申请排污许可证（National Pollutant Discharge Elimination Permit，NPDES），各州环保局将对重点和非重点企业提出不同的处理要求。州环保局负责制定实施细则，各县级政府部门负责实施，同时州环保局对其进行监督。超过排污许可证登记的排放限值的现象被视为违法行为，该企业将会被州环保局起诉。排污许可证系统是全国统一使用的一套系统，规定了排放污水量和水质方面的指标。颁证机构可要求点源的所有者或操作者建立规定格式的监测记录，编制规定格式的报告，安装、使用并维护监测设备，取得符合要求的样品，并提供颁证机构要求的其他资料。在安装、建设、改装任何污水处理设施之前，还必须向州环保局申请安装许可证（Permit-To-Install，PTI）。大型企业有自己的监测实验室，另外各州内还有一些独立实验室，承接监测工作，所有的这些实验室都必须通过州环保局的认证，即州环保局的实验室将负责审查辖区内实验室的资格，并且每年对所有重点排污企业和一部分非重点排污企业的监测实验室进行评估。不管是 USEPA 还是州环保局都必须把污染源的排污情况对公众公开，鼓励公众的参与，在网站上公开举报电话，这是美国各级政府部门的责任。对于提供虚假报告、虚假证明，捏造数据或故意降低监测仪器或方法准确性的企业，一经发现将对企业负责人处以高额的罚款甚至监禁。

当排污许可证上载明了排放总量限值时，企业必须安装精确的连续流量监测装置，只有那些流量较小的非重点企业才被允许安装精确度不高的流量监测设备。在美国，污染源监测的频率非常高，目的是保证监测的准确性和结果的权威性。通常，pH 需每天监测；温度的监测取决于其对环境的影响，一般每月或每周监测 12 次；污水处理厂的出水应该每天监测水量、色度、臭味、浊度和余氯等；对一些取样和分析成本比较高的有机污染物，在环境影响较小或尚不明确的前提下，一般每季度监测 1 次。例如，俄亥俄州环保局在其内部指导手册中规定了由废水排放量、净污比以及排放规律等因素决定的工业污染源监测频率的确定方法，见式（2-1）。按照这一方法，污水排放量在 1 000 t/d 左右的污染源差不多要每周监测 1 次。

$$SF = A \times B \times C \qquad\qquad (2\text{-}1)$$

式中，$SF$ 代表每月的监测频率；$A$ 代表排放流量指数；$B$ 代表排放流量和河流流量的比率；$C$ 代表变化性（variability）指数。表 2-1 为工业污染源监测频率指数的确定方法。

表 2-1　工业污染源监测频率指数的确定方法

| 指数 $A$ | | 指数 $B$ | | 指数 $C$ | |
|---|---|---|---|---|---|
| 排水量/MGD | $A$ | 净污比 | $B$ | 变化规律 | $C$ |
| >5 | 8 | >0.1 | 2.0 | >100%平均值 | 2.0 |
| 1~5 | 6 | 0.01~0.1 | 1.5 | 50%~100% | 1.5 |
| 0.2~1 | 4 | <0.01 | 1.0 | 20%~50% | 1.0 |
| 0.05~0.2 | 2 | | | <20% | 0.5 |
| <0.05 | 1 | | | | |

注：1. MGD：Million Gallons per Day，百万加仑/天，约等于 3 780 m³/d;
　　2. 以上计算出的监测频率在针对氨氮、氯和一些有毒有害物质的时候要乘以 2。

在日本，地方行政长官和指定城市的市长经法律授权，对工厂和企业提供的达标排放状况报告进行检查和监督。通过检查或监督，地方行政长官和指定城市的市长可以采取必要的行政措施，如要求企业改善处理设施的运行状况等。在《水污染控制法》要求实施总量控制的区域内，排污企业必须监测并记录他们的污染负荷排放总量。

### 2.4.2　我国污染源监测现状分析

我国污染源监测工作始于 20 世纪 70 年代末期，至今已有几十多年的历程。监测方式主要为各级环保部门所属环境监测站对辖区内各重点污染源进行一定频次的监督监测，监测结果主要用于环境执法和排污收费，极少数大型企业也设有环境监测站，对企业自身的排污状况进行自行监测。在污染源监测开展初期，全国仅有 3 000 家工业污染源被列入重点工业污染源普查范围，"十一五"期间，为保证总量减排目标的实现，在国家减排专项资金的支持下，减排监测体系被作为主要污染物总量减排三大体系的主要内容之一，污染源监督性监测得以全面开展，纳入国家重点监控企业的数量从 2008 年的近 8 000 家增加至 2013 年的 15 797 家，企业类型包含了废水国控企业、废气国控企业、污水处理厂、重金属国控企业、规模化畜禽养殖场等 5 种类型，监测方式为手工监测和自动监测相结合。

鉴于污染源的复杂性、变动性以及地区差异性，重点监控企业的范围长期以来一直是由国家和地方各级环境保护行政主管部门根据自身环境管理的需要，并依据排污量相对较大的原则进行动态调整。排污量相对较大原则主要立足于两个基础，一个是排放量较大，一个是排污累积比例较大。例如，依据《2012 年国家重点监控企业筛选原则和方法》，2012 年国家重点监测废水企业是以 2010 年更新调查数据库为基础，工业企业分别按照化学需氧量和氨氮年排放量大小排序，筛选出累计占工业化学需氧量或氨氮排放量

65%的企业；分别按照化学需氧量和氨氮年产生量大小排序，筛选出累计占工业化学需氧量或氨氮产生量50%的企业；筛选出的4类企业名单取并集，删除名单中的中水生产和供应业企业，形成废水企业名单。在此基础上，补充纳入具有造纸制浆工序的造纸及纸制品业、有印染工序的纺织业、皮革毛皮羽毛（绒）及其制品业、氮肥制造业中的大型企业［按照国家统计局《统计上大中小型企业划分办法（暂行）》（国统字〔2003〕17号），大型企业指同时满足从业人员数2 000人及以上，销售额30 000万元及以上，资产总额40 000万元及以上的企业］，以及"锰三角"涉锰工业企业，形成国家重点监测废水企业初筛名单。

我国的企业排污数据来源主要包括企业排污申报登记和地方的环境统计数据。排污申报要求申报企业按照该企业的生产发展状况和污染防治计划预估5年内排放污染物的种类、浓度、数量、排放去向，由环境监测部门对其进行审核、监督。由于环境监测部门的监测能力有限，在排污申报和环境统计时往往是以企业上报的数据为准，导致环境统计数据缺乏可信度。

## 2.5　本章小结

总量监测技术是集监督管理、总量监测和定量评价于一体的系统方法。本章主要介绍了水环境总量监测和污染源总量监测的国内外研究及应用进展，并总结了水环境总量监测的统计方法及误差来源，分析了我国现有总量监测中存在的问题。

对地表水环境中的污染物和水体组分通量的统计，能够使研究人员和水环境管理部门弄清楚污染物与水体组分（盐分、泥沙等）汇入和流出研究区域的量，并掌握其在陆源、气源和沉积物等"源"中的比例，这是污染现状评价、污染趋势预测以及制定相应总量控制方案的基础。本章从陆源通量、气源通量、沉积物与水界面交换通量三个方面概述了目前国内外在通量统计方面的研究和应用进展。

美国、日本等发达国家的污染源监测起步较早，已经形成了相对健全的污染源监测体系，美国通过实施排污许可证制度对企业的水质和排放污水量进行管理，并对重点污染源和非重点污染源实施不同的监测策略。我国在《水污染物排放总量监测技术规范》（HJ/T 92—2002）中规定"环境保护行政主管部门所属的监测站对排污单位的总量控制监督监测，重点污染源每年4次以上，一般污染源每年2~4次"。但是由于监测能力的限制，上述目标很难实现。因此，建立系统的污染源抽样监测技术方法具有十分重要的现实意义。

# 第3章 污染物总量监测方法研究

污染物总量监测是指对一定空间范围的流域、区域或具体的污染源排放总量进行监督性监测和评估的过程。从流域的自然水文过程和污染物进入自然水体的途径两个方面来讲，污染物总量监测主要包括河流断面污染物通量监测、排污口排放量监测和污染源排放总量监测三个层次。

## 3.1 污染物通量监测方法研究

污染物通量监测是指通过对水量和水质的监测，估计污染物通量的过程。河流断面污染物通量监测、排污口排放量监测均属于污染物通量监测的内容，除了监测范围和污染物排放特点具有一定的差异，两者的通量监测方法基本相同。本书对污染物通量监测方法的研究，主要侧重于在没有能力获得连续监测数据的条件下，选择适用的通量估计方法降低通量估计结果误差，以及根据通量估计的精度要求确定最低的监测频率。

### 3.1.1 通量估计方法

物质通量的一般定义为单位时间内流过与流动方向垂直面的物质量，量纲为质量/时间。本书采用的有关定义如下。

瞬时通量：单位时间内流过河流指定断面的物质量，单位为质量/时间（如 g/s、kg/d、t/a 等）。

时段通量：规定时段内流过河流指定断面的物质量（如日通量、月通量、年通量等），单位为质量（如 g、kg、t 等）。时段通量按实际应用的要求，可根据时段内物质通量的变动幅度、强度、总量控制要求、污染控制时期时段，分为长时通量和短时通量（如某一河流的某一断面，长时通量包括年通量、多年通量等；短时通量包括日通量、周通量、月通量、季通量、水期通量等）。

时段通量公式依据潮汐对河流的影响分为感潮河段公式和非感潮河段公式两大类。对于感潮河段，根据每个潮时的潮流量与同步监测的某种污染物的浓度之积求得代数和，即为某种污染物的潮时排海通量或潮时通量式（3-1）。

$$W_t = \int_{t_0}^{t_1} Q_i C_i \mathrm{d}t - \int_{t_2}^{t_3} Q_j C_j \mathrm{d}t \qquad (3\text{-}1)$$

式中，$W_t$ 为潮时通量；$t_0$ 为落潮开始时间；$t_1$ 为落潮憩流开始时间；$t_2$ 为涨潮开始时间；$t_3$ 为涨潮憩流开始时间；$Q_i$ 为落潮流量；$Q_j$ 为涨潮流量；$C_i$ 为落潮污染物浓度；$C_j$ 为涨潮污染物浓度。注意，当采用的浓度是断面通量的平均浓度（分段流量加权平均浓度）时，潮时通量包括断面离散通量；当采用的浓度是断面算术平均浓度时，潮时通量未包括断面离散通量。

时段通量的积分表达形式为

$$W = \int Q(t)C(t)\mathrm{d}t \qquad (3\text{-}2)$$

式中，$Q(t)$ 为瞬时流量；$C(t)$ 为瞬时浓度，式（3-2）需记录每个瞬间的流量和浓度值，这在实际工作中是无法实现的，因为在实际监测中，只能获得离散分布的时间跨度较大的数据，所以时段通量的公式转化为

$$W = \sum_1^n Q_i C_i \Delta t_i = Q_a C_a T + \sum_1^n Q_i^* C_i^* \Delta t_i \qquad (3\text{-}3)$$

式中，$Q_i$ 为流量；$C_i$ 为浓度；$Q_a$ 为时段平均流量；$C_a$ 为时段平均浓度；$T$ 为估计时段；$Q_i^*$ 为时均流量偏差；$C_i^*$ 为时均浓度偏差；$n$ 为估计时间段的样品数量；式（3-3）中第一项为时均流量和时均浓度的乘积项，第二项为时均离散项。

根据式（3-3），时段通量的计算可简化为以下 5 种方法（表 3-1）。

表 3-1 非感潮河段时段通量公式

| 方法 | 公式 | 方法要点 | 应用范围 |
|---|---|---|---|
| A | $W_A = K \sum_{i=1}^n \dfrac{C_i}{n} \sum_{i=1}^n \dfrac{Q_i}{n}$ | 瞬时浓度 $C_i$ 的平均值与瞬时流量 $Q_i$ 的平均值之积 | 第一项远大于时均离散项的情况，弱化径流量的作用 |
| B | $W_B = K \left( \sum_{i=1}^n \dfrac{C_i}{n} \right) \overline{Q_r}$ | 瞬时浓度 $C_i$ 的平均值与时段平均流量 $\overline{Q_r}$ 之积 | 第一项远大于时均离散项的情况，强调径流量的作用 |
| C | $W_C = K \sum_{i=1}^n \dfrac{C_i Q_i}{n}$ | 瞬时通量 $C_i \cdot Q_i$ 平均 | 弱化径流量的作用，较适合点源占优的情况 |

| 方法 | 公式 | 方法要点 | 应用范围 |
|---|---|---|---|
| D | $W_D = K \sum_{i=1}^{n} C_i \overline{Q}_{Pi}$ | 瞬时浓度 $C_i$ 与代表时段平均流量 $\overline{Q}_{Pi}$ 之积 | 强调径流量的作用，较适合非点源占优的情况 |
| E | $W_E = K \dfrac{\sum_{i=1}^{n} C_i Q_i}{\sum_{i=1}^{n} Q_i} \overline{Q}_r$ | 时段通量平均浓度 $\dfrac{\sum_{i=1}^{n} C_i Q_i}{\sum_{i=1}^{n} Q_i}$ 与时段平均流量 $\overline{Q}_r$ 之积 | 强调时段总径流量的作用，较适合非点源占优的情况 |

注：公式中 $K$ 为瞬时通量单位与计算时段通量单位的换算系数。例如，瞬时流量单位为 m³/s，浓度瞬时浓度单位为 mg/L，瞬时通量单位为 g/s，计算时段通量单位为 t/d，则 $K$ 值取 0.0864。

## 3.1.2　通量误差分析方法

通量估计的精度采用误差反映，误差评价指标包括系统误差和随机误差两项指标，分析方法主要有均值估计法、百分比估计法、线性回归法等。研究选取 $COD_{Mn}$、$NH_3\text{-}N$ 两种污染物，利用 2005—2007 年 3 年的水质和流量逐日监测数据计算基准年通量，作为该断面年通量的"真实值"；然后采用 Monte Carlo 方法模拟不同时间间隔的采样方案，计算得到各方案的污染物年通量，并与基准年通量进行比较，对不同时间间隔下的采样方案的系统误差和随机误差进行分析，从而确定不同水质指标的最优通量估计方法。具体处理步骤及参数意义见图 3-1。

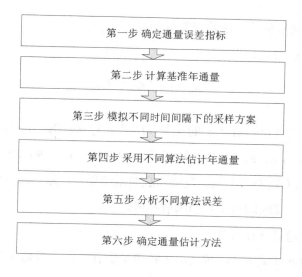

图 3-1　通量估计误差分析技术路线

第一步：确定通量误差指标。

在总结前人研究成果的基础上，确定通量误差指标：$e_{50}$ 和 $\Delta e$，其中 $e_{50}$ 为通量 50% 保证率下的误差，反映系统误差的大小；$\Delta e_j(d) = e_{90j}(d) - e_{10j}(d)$ 为 90% 保证率与 10% 保证率误差的差值，代表随机误差的离散程度。

第二步：计算基准年通量。

由每日数据计算基准年通量 $F_{ref}$。

$$F_{ref} = 0.086\,4 \sum_{i=1}^{365} (Q_i C_i) \tag{3-4}$$

式中，$F_{ref}$ 为河口物质基准年通量，t/a；$Q_i$ 为日流量，$m^3/s$；$C_i$ 为日浓度，mg/L；$i$ 为日序号，$i=1$，…，365（366）。

第三步：模拟不同时间间隔下的采样方案。

常规监测中的监测频率从每周 1 次到每月 1 次甚至更长的时间间隔，并且往往不是按照等时间间隔采样的。采用 Monte Carlo 方法分别模拟了时间间隔为 2 d、3 d、5 d、6 d、10 d、15 d 和 30 d 共 7 种随机离散采样方案。例如，$d=30$ 代表常规采样中每月 1 次的离散采样。为了呈现各模拟方案的统计规律，对每种时间间隔下的方案的模拟次数均为 100 万次。

第四步：采用不同算法估计年通量。

分别采用文献中推荐的 5 种通量估计方法对 $COD_{Mn}$、$NH_3\text{-}N$ 的年通量 $F$ 进行估计（表 3-1）。

第五步：不同通量估计方法的误差分析。

年通量误差 $e_d$ 的公式如下：

$$e_d = 100 \frac{F_d - F_{ref}}{F_{ref}} \tag{3-5}$$

式中，$e_d$ 代表在时间间隔 $d$ 下的误差；$F_d$ 为各算法在时间间隔 $d$ 下的年通量；$F_{ref}$ 为基准年通量。$e_{10}$、$e_{50}$、$e_{90}$ 为对应时间间隔下 10%、50%、90% 保证率下（升序排列）的误差值。其中 $e_{50}$ 为误差的中值，反映算法的系统误差，$e_{10} \sim e_{90}$ 为 10% 保证率至 90% 保证率的误差范围，反映随机误差的离散程度。

第六步：确定通量估计方法。

在相同采样时间间隔下，比较采用 5 种通量估计方法通量估计结果的误差。以系统误差和随机误差离散程度最小为原则，筛选出最适宜的通量估计方法。

## 3.2　污染源排放总量监测方法研究

　　污染源排放总量监测是指通过对区域内的污染源进行监测，评估区域内污染物排放总量的过程。由于污染源类型不同，其排放量也具有较大的差异，因此，污染源总量监测往往根据污染源类型的不同采取不同的监测策略，以提高排放总量估计结果的准确性。

### 3.2.1　污染源排放总量监测的指标和对象

#### 3.2.1.1　污染源排放总量监测指标

　　在国家规定实施总量控制的 9 项指标基础上增加 TN、TP 两项指标，共同构成包括 COD、石油类、$NH_3$-N、TN、TP、氰化物、As、Hg、四价铬［Cr（VI）］、Pb 和 Cd 11 项指标在内的总量控制基础指标，并要求将其划分为必控指标和选控指标两类，根据不同的水环境功能需求和水体污染特征确定必控指标（表 3-2）。

表 3-2　总量控制指标体系

| 指标 | 自然保护 | 饮用水源 | 渔业用水 | 工业用水 | 景观娱乐 | | 农业用水 | |
|---|---|---|---|---|---|---|---|---|
| | | | | | 接触 | 非接触 | 食用作物 | 经济作物 |
| COD | √ | √ | √ | √ | √ | √ | √ | √ |
| $NH_3$-N | √ | √ | √ | √ | √ | √ | √ | √ |
| 石油类 | √ | | √ | | | | √ | √ |
| 氰化物 | √ | √ | √ | | √ | | | |
| As | √ | √ | √ | | √ | | | |
| Hg | √ | √ | √ | | | | √ | |
| Cr（VI） | | √ | √ | | | | √ | |
| Pb | | √ | √ | | | | √ | |
| Cd | | √ | √ | | | | √ | |
| TN* | | | | | | | | |
| TP* | | | | | | | | |

注：* 湖泊、水库、封闭性海湾等易发生富营养化的水体，应将 TN、TP 作为必控指标。

　　流域水污染物总量监测指标原则上应与实施总量控制的指标，即总量核定、容量测算、总量分配所采用的指标一致。但为了有效区分上下游的排污责任，实施行政区间的总量考核，地表水体的总量监测指标必须涵盖所有的总量控制指标。为了使污染源、入河排污口与地表水环境三者的总量监测形成有机的整体，在污染源排放总量与地表水污染物通量之间建立响应关系，污染源与入河排污口的总量监测指标将不再考虑水环境功能需求与受纳水体污染特征的差异，即对包括 COD、石油类、NH$_3$-N、TN、TP、氰化物、As、Hg、Cr（Ⅵ）、Pb 和 Cd 11 项指标在内的特征污染物均需进行总量监测。

### 3.2.1.2　污染源监测对象的筛选原则

总量监测对象主要为流域内的重点污染源，包括重点工业污染源、大型畜禽养殖场或养殖区、城市污水处理厂，其筛选的基本原则如下。

（1）分行业统计累积等标污染负荷排放量，占行业总量 85% 以上的工业企业原则上应作为重点污染源实施总量监测；

（2）日排水量在 100 t 以上的工业企业原则上应作为重点污染源实施总量监测；

（3）城市污水处理厂作为城市生活污染源的一部分，全部实施总量监测，未进入城市污水处理厂的部分纳入市政排污口进行总量监测；

（4）年均等效猪当量存栏数在 3 000 头以上，且具有点源排放特征的集约化养殖场或养殖区原则上应作为重点污染源实施总量监测；

（5）有总量削减任务的污染源应优先作为重点污染源实施总量监测。

依据上述总量监测对象筛选的基本原则，并结合环境管理的需要、总量分配方案、水环境功能区差异性以及实际监测能力等因素进行局部调整。

### 3.2.1.3　污染源的分类

为使总量监测突出重点性与代表性相结合的原则，借鉴《水污染物排放总量监测技术规范》（HJ/T 92—2002）中对不同类型污染源监测方式的要求，将实施总量监测的重点污染源划分为 A、B、C 三类。

（1）A 类污染源：城市污水处理厂、日排水量在 1 000 t 以上的工业污染源、年均猪当量存栏数在 30 000 头以上的集约化养殖场或养殖区；

（2）B 类污染源：日排水量在 500~1 000 t 的工业污染源、年均猪当量存栏数在 15 000~30 000 头的集约化养殖场或养殖区；

（3）C 类污染源：除 A、B 两类之外要求实施总量监测的重点污染源。

#### 3.2.1.4 污染源排放总量监测清单

根据已有的污染源调查与总量核定数据筛选总量监测对象，并对其进行分类，建立污染源排放总量监测清单。总量监测清单由地方生态环境行政主管部门在每年年底根据本年度的污染源监测和统计数据进行动态调整，报上级生态环境行政主管部门审定后，作为下一年实施总量监测的依据。

### 3.2.2 抽样理论在污染源监测中的应用

污染源按照排放量统计频率分布，结果可以理想化为两种极端的情况，一种是重点污染源排放量的频率分布相对集中，类似于经济学中的垄断现象，即占总体少数的污染源的排放量总和占总体排放总量的比重很大；另一种是污染源排放量的频率分布相对分散，即占总体大部分的污染源贡献了绝大多数的污染物排放量。对第一种情况，只需监测重点污染源就能够实现对总体排放量的有效监测；对第二种情况，对少数重点污染源的监测无法实现对行业整体排放量的有效监测。

由于对所有的污染源实施全面的监督性监测不易实现，因此将对所有污染源的监督性监测转化为针对污染源总体的抽样监测。为了精确地估计总排放量，一方面要尽可能多地掌握污染源排放量信息，另一方面要保证一定的样本量。当样本的规模 $N$ 与样本容量 $n$ 都很大，总体单元之间的差异也较大时，进行简单随机抽样将会出现成本很高而精度很低的情况，此时，有效的解决办法是按照调查最为关注的变量将总体分成几个子个体，这实际就是分层抽样方法。

#### 3.2.2.1 各层样本量的分配

（1）比例分配

在分层抽样中，若各层的样本量 $n_h$ 都与层的大小 $N_h$ 成比例，即

$$W_h = \frac{N_h}{N} = \frac{n_h}{n} \qquad (3-6)$$

式中，$W_h$ 为第 $h$ 层的层权；$N_h$、$n_h$ 分别为第 $h$ 层单位总数和样本总数；$N$、$n$ 分别为总体容量和样本容量。

各层样本容量为

$$n_h = n \cdot W_h \qquad (3-7)$$

（2）最优分配

在分层随机抽样中，对于给定的费用，使估计量的方差达到最小，或者对于给定的估计量方差，使得总费用达到最小的各层样本量的分配称为最优分配。最优分配的各层样本量如下。

$$n_h = n \frac{W_h \frac{S_h}{\sqrt{C_h}}}{\sum_{h=1}^{L} W_h \frac{S_h}{\sqrt{C_h}}} \tag{3-8}$$

式中，$C_h$ 为在样本第 $h$ 层中抽取一个单元的平均费用；$S_h$ 为第 $h$ 层总体的标准差；$L$ 为样本层数；其他参数意义同上。

（3）内曼最优分配

当各层的单位抽样费用相等时，即 $C_h=C$，$C$ 为所有样本的平均抽样费用，分配公式可以简化为

$$n_h = n \frac{W_h S_h}{\sum_{h=1}^{L} W_h S_h} \tag{3-9}$$

式中，$W_h$ 为第 $h$ 层的层权；$S_h$ 为第 $h$ 层总体的标准差。。

### 3.2.2.2 总样本量的确定

分层随机抽样中总样本量 $n$ 的确定相对于简单随机抽样来说更复杂，因为它不仅与调查的精度要求、费用的限制以及所估计的统计量有关，而且与如何分层以及各层样本量的分配方式有关。依据考察目标不同，可将其分为如下两种情况。

（1）估计总体均值时，按照均值精度给出的形式不同，可分为如下 3 种情形。

① 均值的精度要求是以 $V(\overline{y_{st}})$ 的上限形式给出的，$\overline{y_{st}}$ 是总体均值的估计量。

$$V = \sum_{h=1}^{L} \frac{W_h^2 S_h^2}{n_h} - \sum_{h=1}^{L} \frac{W_h S_h^2}{N} \tag{3-10}$$

式中，$V$ 为精度要求，$W_h$ 为第 $h$ 层的层权；$N_h$、$n_h$ 分别为第 $h$ 层单位总数和样本总数；$N$、$n$ 分别为总体容量和样本容量；$S_h$ 为第 $h$ 层总体的标准差。

依据样本分配方式的不同，样本容量的确定可分为如下 4 种情形。

a. 确定样本的分配方式：

$$n_h = n \cdot w_h \qquad (3\text{-}11)$$

式中，$w_h$ 是第 $h$ 层样本的层权，$h=1$，2，$\cdots$，$L$。

$$n = \frac{n_0}{1 + \dfrac{1}{NV} \displaystyle\sum_{h=1}^{L} W_h S_h^2} \qquad (3\text{-}12)$$

其中：

$$n_0 = \frac{1}{V} \sum_{h=1}^{L} \left( \frac{W_h^2 S_h^2}{w_h} \right) \qquad (3\text{-}13)$$

式中各参数意义同上。

b. 比例分配：

$$w_h = W_h \qquad (3\text{-}14)$$

$$n = \frac{n_0}{1 + \dfrac{n_0}{N}} \qquad (3\text{-}15)$$

其中：

$$n_0 = \frac{1}{V} \sum_{h=1}^{L} \left( W_h S_h^2 \right) \qquad (3\text{-}16)$$

式中各参数意义同上。

c. 内曼最优分配：

$$w_h = \frac{W_h S_h}{\displaystyle\sum_{h=1}^{L} W_h S_h} \qquad (3\text{-}17)$$

$$n = \frac{n_0}{1 + \dfrac{1}{NV} \displaystyle\sum_{h=1}^{L} W_h S_h^2} \qquad (3\text{-}18)$$

其中：

$$n_0 = \frac{1}{V} \left( \sum_{h=1}^{L} W_h S_h \right)^2 \qquad (3\text{-}19)$$

式中各参数意义同上。

d. 一般最优分配：

$$w_h = \frac{W_h S_h / \sqrt{c_h}}{\sum_{h=1}^{L} W_h S_h / \sqrt{c_h}} \tag{3-20}$$

$$n = \frac{\sum_{h=1}^{L} \left( W_h S_h \sqrt{C_h} \right) \cdot \sum_{h=1}^{L} \left( \frac{W_h S_h}{\sqrt{c_h}} \right)}{V + \frac{1}{N} \sum_{h=1}^{L} W_h S_h^2} \tag{3-21}$$

式中，$C_h$ 为总体中第 $h$ 层的单位样本的抽样费用；$c_h$ 为样本中第 $h$ 层的单位样本的抽样费用，其他参数意义同上。

②均值的精度要求是以均值 $\bar{y}_{st}$ 的绝对误差 $d$ 的形式（在给定的置信水平 $1-\partial$）给出的。

$$P\left( \left| \bar{y}_{st} - \bar{Y} \right| \geqslant d \right) \geqslant 1 - \partial \Leftrightarrow P\left[ \left| \frac{\bar{y}_{st} - \bar{Y}}{\sqrt{V\left( \bar{y}_{st} \right)}} \right| \geqslant \frac{d}{\sqrt{V\left( \bar{y}_{st} \right)}} \right] \geqslant 1 - \partial \tag{3-22}$$

式中，$\bar{y}_{st}$ 是总体均值的估计量，$\bar{Y}$ 为总体均值。

于是：

$$\frac{d}{\sqrt{V\left( \bar{y}_{st} \right)}} = u_{\partial/2} \tag{3-23}$$

即：

$$V\left( \bar{y}_{st} \right) = \frac{d^2}{\left( u_{\partial/2} \right)^2} \tag{3-24}$$

所以，此时的精度要求也相当于是以 $V\left( \bar{y}_{st} \right)$ 的上限 $V$ 的形式给出的，即：

$$V = \frac{d^2}{\left( u_{\partial/2} \right)^2} \tag{3-25}$$

式中，$u_{\partial/2}$ 为正态分布的右侧 $\partial/2$ 分位点。

按照样本分配方式的不同，样本容量的确定可分为以下 4 种情形。

a. 确定样本的分配方式：

$$n_h = n \cdot w_h \tag{3-26}$$

式中，$h=1, 2, \cdots, L$。

$$n = \frac{\sum_{h=1}^{L} \dfrac{W_h^2 S_h^2}{w_h}}{\dfrac{d^2}{\left(u_{\partial/2}\right)^2} + \dfrac{1}{N}\sum_{h=1}^{L} W_h S_h^2} \tag{3-27}$$

式中各参数意义同上。

b. 比例分配：

$$w_h = W_h \tag{3-28}$$

$$n = \frac{\sum_{h=1}^{L} W_h S_h^2}{\dfrac{d^2}{\left(u_{\partial/2}\right)^2} + \dfrac{1}{N}\sum_{h=1}^{L} W_h S_h^2} \tag{3-29}$$

式中各参数意义同上。

c. 内曼最优分配：

$$w_h = \frac{W_h S_h}{\sum_{h=1}^{L} W_h S_h} \tag{3-30}$$

$$n = \frac{\left(\sum_{h=1}^{L} W_h S_h\right)^2}{\dfrac{d^2}{\left(u_{\partial/2}\right)^2} + \dfrac{1}{N}\sum_{h=1}^{L} W_h S_h^2} \tag{3-31}$$

式中各参数意义同上。

d. 一般最优分配：

$$w_h = \frac{W_h S_h / /\sqrt{c_h}}{\sum_{h=1}^{L} W_h S_h / \sqrt{C_h}} \tag{3-32}$$

$$n = \frac{\sum_{h=1}^{L}\left(W_h S_h \sqrt{c_h}\right) \cdot \sum_{h=1}^{L}\left(W_h S_h / \sqrt{c_h}\right)}{\dfrac{d^2}{\left(u_{\partial/2}\right)^2} + \dfrac{1}{N}\sum_{h=1}^{L} W_h S_h^2} \tag{3-33}$$

式中各参数意义同上。

③均值的精度要求是以 $\overline{y_{st}}$ 的相对误差（在给定的置信水平 $1-\partial$ 下）的形式给出的，此时要求：

$$p\left(\left|\overline{y_{st}}-\overline{Y}\right|\leqslant\gamma\cdot\overline{Y}\right)\geqslant1-\partial\Leftrightarrow P\left(\left|\overline{y}_{st}-\overline{Y}\right|\geqslant\gamma\cdot\overline{Y}\right)\geqslant1-\partial \qquad (3\text{-}34)$$

式中，$\gamma$ 为相对误差，绝对误差为

$$d=\gamma\cdot\overline{Y} \qquad (3\text{-}35)$$

a. 确定样本的分配方式：

$$n_h=n\cdot w_h \qquad (3\text{-}36)$$

式中，$h=1$，$2$，$\cdots$，$L$

$$n=\frac{\displaystyle\sum_{h=1}^{L}\frac{W_h^2 S_h^2}{w_h}}{\left(\dfrac{\gamma\cdot\overline{Y}}{u_{\partial/2}}\right)^2+\dfrac{1}{N}\displaystyle\sum_{h=1}^{L}W_h S_h^2} \qquad (3\text{-}37)$$

式中各参数意义同上。

b. 比例分配：

$$w_h=W_h \qquad (3\text{-}38)$$

$$n=\frac{\displaystyle\sum_{h=1}^{L}W_h S_h^2}{\left(\dfrac{\gamma\cdot\overline{Y}}{u_{\partial/2}}\right)^2+\dfrac{1}{N}\displaystyle\sum_{h=1}^{L}W_h S_h^2} \qquad (3\text{-}39)$$

式中各参数意义同上。

c. 内曼最优分配：

$$w_h=\frac{W_h S_h}{\displaystyle\sum_{h=1}^{L}W_h S_h} \qquad (3\text{-}40)$$

$$n=\frac{\left(\displaystyle\sum_{h=1}^{L}W_h S_h\right)^2}{\left(\dfrac{\gamma\cdot\overline{Y}}{u_{\partial/2}}\right)^2+\dfrac{1}{N}\displaystyle\sum_{h=1}^{L}W_h S_h^2} \qquad (3\text{-}41)$$

式中各参数意义同上。

d. 一般最优分配：

$$w_h = \frac{(W_h S_h)}{\sqrt{C_h} / \sum_{h=1}^{L} W_h S_h / \sqrt{c_h}} \tag{3-42}$$

$$n = \frac{\sum_{h=1}^{L}(W_h S_h \sqrt{C_h}) \cdot \sum_{h=1}^{L}(W_h S_h / \sqrt{c_h})}{\left(\dfrac{\gamma \cdot \overline{Y}}{u_{\partial/2}}\right)^2 + \dfrac{1}{N}\sum_{h=1}^{L} W_h S_h^2} \tag{3-43}$$

式中各参数意义同上。

（2）总费用给定时总样本量的确定。

仅考虑简单的线性费用函数的情况。设费用函数为

$$C_T = c_0 + \sum_{h=1}^{L} c_h n_h \tag{3-44}$$

式中，$C_T$ 为总费用；$c_0$ 为与样本量无关的固定费用；$c_h$ 为在第 $h$ 层中抽取一个单元的平均费用。假设 $C_T$、$c_0$ 和 $c_h$ 均已知，根据最优分配的结论，可以推出样本总量 $n$ 为

$$n = (C_T - c_0) \cdot \frac{\sum_{h=1}^{L} W_h S_h / \sqrt{c_h}}{\sum_{h=1}^{L} \sqrt{c_h} W_h S_h} \tag{3-45}$$

式中各参数意义同上。

### 3.2.2.3 总体估计量

通过前面的过程可以得到各层的样本均值 $\overline{y_h}$，则总体总值的估计量 $Y_{st}$ 为

$$Y_{st} = \sum_{h=1}^{L} N_h \overline{y_h} \tag{3-46}$$

式中，$Y_{st}$ 为总体总值的估计量；$\overline{y_h}$ 为第 $h$ 层的样本均值；$N_h$ 为第 $h$ 层的单位数。$Y_{st}$ 的置信区间为

$$Y_{st} \pm z_{\partial/2} \cdot \sqrt{v(Y_{st})} \tag{3-47}$$

式中，$z_{\partial/2}$ 为 $1-\partial$ 对应的分位数；$v(Y_{st})$ 为估计精度。

其中：

$$v\left(Y_{\mathrm{st}}\right)=\sum_{h=1}^{3}N_{h}\left(N_{h}-n_{h}\right)s_{h}^{2}\,/\,n_{h} \tag{3-48}$$

式中各参数的意义同上。

本节公式中相关符号说明见表 3-3。

表 3-3  相关符号说明

| 序号 | 符号 | 公式 | 含义 |
|---|---|---|---|
| 1 | $h$ | | 下标"第 $h$ 层" |
| 2 | $i$ | | 下标"层内单位号" |
| 3 | $N_{h}$ | | 第 $h$ 层的单位总数 |
| 4 | $n_{h}$ | | 第 $h$ 层的样本总数 |
| 5 | $Y_{hi}$ | | 第 $h$ 层的第 $i$ 个总体单元的取值 |
| 6 | $y_{hi}$ | | 第 $h$ 层的第 $i$ 个样本单元的取值 |
| 7 | $W_{h}$ | $\dfrac{N_{h}}{N}$ | 第 $h$ 层的层权 |
| 8 | $w_{h}$ | $\dfrac{n_{h}}{n}$ | 第 $h$ 层样本的层权 |
| 9 | $\overline{Y}_{h}$ | $\dfrac{1}{N_{h}}\sum\limits_{i=1}^{N_{h}}Y_{hi}$ | 第 $h$ 层的总体均值 |
| 10 | $\overline{y}_{h}$ | $\dfrac{1}{n_{h}}\sum\limits_{i=1}^{n_{h}}y_{hi}$ | 第 $h$ 层的样本均值 |
| 11 | $Y_{h}$ | $\sum\limits_{i=1}^{N_{h}}Y_{hi}=N_{h}\overline{Y}_{h}$ | 第 $h$ 层的总体总量 |
| 12 | $y_{h}$ | $\sum\limits_{i=1}^{n_{h}}y_{hi}=n_{h}\overline{y}_{h}$ | 第 $h$ 层的样本总量 |
| 13 | $Y_{\mathrm{st}}$ | $\sum\limits_{h=1}^{L}N_{h}\overline{y}_{h}$ | 总体总值的估计量 |
| 14 | $S_{h}^{2}$ | $\dfrac{\sum\limits_{i=1}^{N_{h}}\left(Y_{hi}-\overline{Y}_{h}\right)^{2}}{N_{h}-1}$ | 第 $h$ 层的总体方差 |
| 15 | $s_{h}^{2}$ | $\dfrac{\sum\limits_{i=1}^{n_{h}}\left(y_{hi}-\overline{y}_{h}\right)^{2}}{n_{h}-1}$ | 第 $h$ 层的样本方差 |

#### 3.2.2.4　抽样方式的选择

分层抽样的重要特点之一就是其精度较高，通常分层抽样比简单随机抽样的精度高，也就是说，分层抽样的估计量的方差比简单随机抽样的小。不过要注意，对于分层随机抽样，抽样的精度还与样本量的分配以及各层的方差有关，因此，当层的划分或样本量的分配不合理时，会使分层随机抽样的精度比简单随机抽样的精度还要差。因此，在实际工作中，只要合理地划分层或分配样本量，就可以避免分层随机抽样的精度更差的结果发生。

以畜禽养殖场为例，等标污染物排放量与养殖场的存栏量存在相关性，将不同养殖种类的畜禽养殖场按照等效存栏量降序排列后发现，各养殖场的污染物排放量与等效存栏量存在线性趋势。统计学家发现，在总体呈现这种"线性趋势"或"单调上升或下降趋势"时，采用线性系统抽样法，可能会使所抽样本产生一种"趋向性"的偏差，采用中心位置的系统抽样法或对称的系统抽样法，可以大大改善系统抽样法的估计精度。

（1）中心系统抽样法

解决线性系统抽样"趋向性"偏差的一种方法是中心系统抽样法。麦多于 1953 年在《数理统计年刊》上发表题为《论系统抽样的理论Ⅲ：中心起点与随机起点系统误差的比较》的论文。文中指出，当总体为一种单调上升趋势时，中心系统抽样法又称随机起点系统抽样法（线性系统抽样法）。

中心系统抽样法的抽样模型为

$$\left\{\frac{k}{2} + jk\right\}, j = 0, 1, 2, \cdots, n-1 \tag{3-49}$$

其操作方式为在一个总体单位数为 $n \times k$ 的线性趋势排列总体中，对应于抽样单位数 $n$，计算一个正整数 $k$（$k$ 为抽样距离），并将总体视为 $k$ 组，然后在总体的第 1 组中，将位置居中的单位 $Y_{\frac{k}{2}}$ 作为抽样起点，并依抽样距离 $k$，依次取出 $Y_{\frac{k}{2}+k}$，$Y_{2k+\frac{k}{2}}$，$\cdots$，$Y_{(n-1)k+\frac{k}{2}}$ 入样（即取各中心位置所在单位入样）。

（2）对称系统抽样法

M N Murthy 于 1967 在《抽样的理论与方法》一书中，总结了 V K Sethi 的"最优对"的思想，将其归纳为"平衡系统抽样法"（Banlanced Systematic Sampling）。并且，M N Murthy 证明了这种平衡系统抽样法所抽样本的均值为总体均值的无偏估计，指出了平衡系统抽样法的估计精度高于线性系统抽样法和圆圈系统抽样法。

D Singh、K K Jindal 和 J N Garg 于 1968 年在《生物计量学》（Biometrika）上发表题为《论修正系统抽样法》的论文，提出了与 V K Sethi 和 M N Murthy 的平衡系统抽样法不同的另一种对称系统抽样法——修正系统抽样法。

1984 年 1 月，我国国家统计局在《农村抽样调查网点抽选方案》（初稿）中，决定采用"有关标志排队等距抽样方式"。从抽样方式上讲，这种方法属于平衡系统抽样法。

以下为两种抽样方式的实施过程。

1）平衡系统抽样法（分组对称抽样法）

平衡系统抽样法的抽样模型为

$$\{r+2jk, 2(j+k)-r+1\}, \quad j=0,1,2,\cdots,\frac{n}{2}-1 \tag{3-50}$$

在一个总体单位数为 $n \times k$ 的线性趋势排列总体中，对应抽样单位数 $n$，计算一个正整数 $k$（$k$ 为抽样距离）。对号码 $1 \sim k$ 做随机抽样，抽取一个单位。若第 $r$ 号单位入样（$1 \leq r \leq k$），则 $2k-r+1$，$2k+r$，$4k-r+1$，$4k+r$，…，$(n-2)k+r$，$nk-r+1$ 号单位皆入样。

2）修正系统抽样法（分层对称抽样法）

修正系统抽样法的抽样模型为

$$\{r+jk, N-r-jk+1\}, \quad j=0,1,2,\cdots,\frac{n}{2}-1(n\text{为偶数}) \tag{3-51}$$

$$\left\{r+jk, N-r-jk+1, r+\frac{1}{2}(n-1)k\right\}, \quad j=0,1,2,\cdots,\frac{(n-1)}{2}-1(n\text{为奇数}) \tag{3-52}$$

## 3.3 本章小结

本章对污染物总量监测的两种重要方法，即污染物通量监测方法和污染源排放总量监测方法进行了研究。

污染物通量监测研究是对单位时段内通过控制断面的污染物总量进行研究。物质通量为一段时间内的流量和污染物浓度的连续积分，但在实际采样过程中，它们是离散的，因此污染物通量估计只是一个逼近真实值的过程。根据对离散项处理方法的不同，目前较为常用的方法有 5 种。通量估计方法和通量监测频率对于通量估计的精度具有重要的影响，本章基于统计学理论构建了通量估计误差分析方法，以评估不同通量估计方法的精度，从而确定适用的通量估计方法；或者针对确定的通量估计方法和在给定的通量估计精度基础上，确定最小的通量监测频率。

　　污染源排放总量监测研究重点围绕污染源抽样方法开展，研究目标为：在给定的排放总量估计精度条件下，确定所需监测的样本容量；或者评估给定的样本容量条件下，污染源排放总量的估计精度。抽样方法的选择对估计精度具有重要的影响，应根据污染源的排放量特征，采取不同的抽样监测方法，期望以最小的监测成本，达到最佳的监测效果。利用污染源抽样方法形成的污染源监测清单为管理部门进行污染源调查和监督提供科学的依据。

# 第 4 章 污染物通量监测案例分析

## 4.1 河流断面污染物通量监测频率分析

### 4.1.1 研究区域的自然环境特点

赣江是长江主要支流之一，是江西省最大河流，位于长江中下游南岸，源出赣闽边界武夷山西麓，自南向北纵贯全省。赣江有 13 条主要支流汇入，长 766km，流域面积 83 500km²，自然落差 937 米，多年平均流量 2 130m³/s，水能理论蕴藏量 360 万 kW。从河源至赣州为上游，称贡水，在赣州市城西纳章水后始称赣江。贡水长 255km 千米，穿行于山丘、峡谷之中。赣州至新干为中游，长 303km，穿行于丘陵之间。新干至吴城为下游，长 208km，江阔多沙洲，两岸筑有江堤。赣江流域属于亚热带湿润季风气候，气候温和，雨量充足，非常适宜动植物生长，年均降水量 1400～1800mm。

赣江流域呈现山地丘陵为主体的地貌格局，山地丘陵占流域面积的 64.7%（其中山地占 43.9%，丘陵 20.8%），低丘（海拔 200m 以下）岗地占 31.5%，平原、水域等仅占 3.9%。赣江流域西部为罗霄山脉，构成赣江水系与湘江水系的分水岭，由一系列北东向山脉构成，自北向南依次有九岭山、武功山、万洋山、诸广山等，海拔多在 1000m 以上；南端地处南岭东段，主要山地有大庾岭和九连山，大致走向东西，构成赣江水系与珠江水系的分水岭；东端也主要由若干北北东向山地构成，其南端为武夷山，系赣江水系与闽江水系的分水岭；北端为雩山，系赣江水系与抚河水系的分水岭；流域南部为花岗岩低山丘陵区，并在其间夹有若干规模较小的红岩丘陵盆地，中部为吉泰红岩丘陵盆地区，北部则为赣江下游，是一个以山地、丘陵为主体兼有低丘岗地和少量平原的地貌组合类型。

赣江南支位于赣江下游冲积平原，全长约 45 km。赣江在八一桥处进入尾闾，首先经裘家洲、扬子洲分成东、西两河。其中东河经南昌市在扬子洲头和礁矶头分成南支和中支两汊。赣江南支是赣江东河经南昌市在扬子洲头和礁矶头分汊后最南面的一支，它承纳了赣江部分来水和青山湖、艾溪湖湖泊来水，经尤口、滁槎、将军洲在南昌县的程家池注入程家湖（鄱阳湖子湖）。

研究采用了 2005—2007 年赣江南支下游滁槎断面的每日水位数据和水质数据。滁槎断面的地理位置为东经 116°03′、北纬 28°46′，位于南昌市污水排放口下游，距南昌市市区 35 km。1993 年以前该断面为国控断面和省市控制断面，1993 年以后该断面被设为省市控制断面。赣江滁槎断面不设流量监测站，其流量数据根据上下游流量和水位数据采用 2D 数值模拟获取；水质监测指标包括水温、pH、DO、电导率、浊度、$COD_{Mn}$、$NH_3\text{-}N$。由于系统维护和故障等原因，有部分时段的监测数据缺失，采用插值进行弥补。

### 4.1.2　滁槎断面污染物瞬时通量特点研究

利用 2005—2007 年 3 年的每日水质和流量数据，计算得到赣江滁槎断面的基准年通量（表 4-1）。2005 年与 2006 年的年径流量、污染物年通量相近，2007 年的年径流量较小，污染物年通量较 2005 和 2006 年均有减少。

表 4-1　2005—2007 年赣江滁槎断面的基准年通量

| 水质指标 | 2005 年 | 2006 年 | 2007 年 |
|---|---|---|---|
| $NH_3\text{-}N$ /（t/a） | 9 082.56 | 9 131.76 | 6 019.01 |
| $COD_{Mn}$ /（t/a） | 19 776.9 | 16 927 | 10 598.1 |
| 年径流量 /亿 $m^3$ | 5.05 | 5.26 | 3.06 |

为了便于分析 $COD_{Mn}$ 和 $NH_3\text{-}N$ 的通量随流量的变化趋势，对 $COD_{Mn}$ 和 $NH_3\text{-}N$ 的通量数据及流量数据进行了无量纲化处理，公式如下：

$$S = \frac{R - R_{\min}}{R_{\max} - R_{\min}} \times 100 \tag{4-1}$$

式中，$S$ 为数据标准化转换后的值；$R$ 为实测数据；$R_{\max}$ 为实测数据系列的最大值；$R_{\min}$ 为实测数据系列的最小值。

图 4-1（a）和图 4-1（b）分别为标准化处理后的 $COD_{Mn}$、$NH_3\text{-}N$ 逐日通量与流量关于时间的趋势线，图 4-2（a）和图 4-2（b）分别为标准化处理后的 $COD_{Mn}$、$NH_3\text{-}N$ 的逐日通量与流量的相关性分析。由图可知，$COD_{Mn}$ 的逐日通量与流量随时间的变化趋

势较为一致，COD$_{Mn}$ 逐日通量与流量的相关系数为 0.750，表明 COD$_{Mn}$ 受面源污染支配。而 NH$_3$-N 的逐日通量与流量随时间的变化趋势没有明显的相似性，NH$_3$-N 逐日通量与流量的相关性系数为 0.251，表明 NH$_3$-N 的来源以点源为主，受河流流量的影响较小。

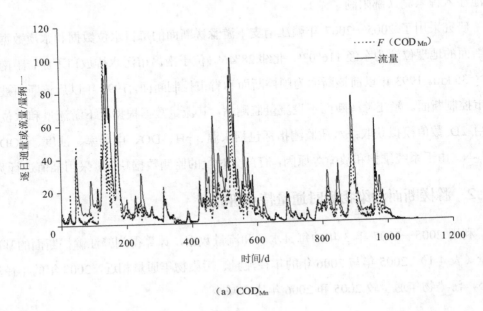

（a）COD$_{Mn}$

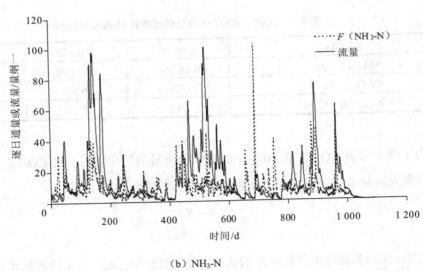

（b）NH$_3$-N

图 4-1　2005—2007 年标准化处理后的 COD$_{Mn}$、NH$_3$-N 逐日通量与流量关于时间的变化趋势

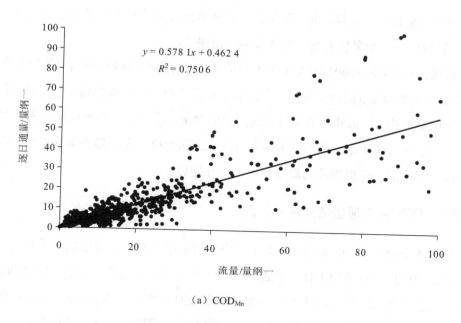

（a）$COD_{Mn}$

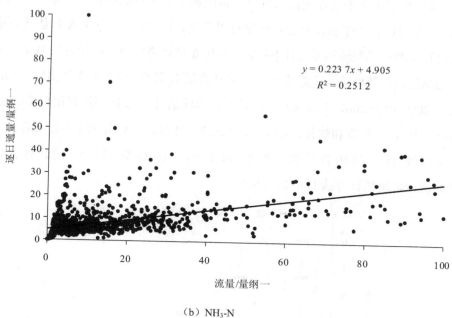

（b）$NH_3$-N

图 4-2　标准化处理后的 $COD_{Mn}$、$NH_3$-N 的逐日通量与流量的相关性趋势

## 4.1.3　不同通量估计方法的误差分析

采用文献中推荐的 5 种时段通量估计方法（表 3-1）对各采样时间间隔下的离散采

样方案的年通量进行计算，并与采用逐日监测数据计算的基准年通量进行比较，得出了5 种估计方法在各个采样方案下的通量估计值误差。

通过比较 2005—2007 年 3 年中 5 种估计方法在各采样时间间隔下的误差分布图后发现，随着时间间隔的增加，各估计方法的系统误差绝对值与随机误差的波动范围（$e_{10}$～$e_{90}$）呈现增大趋势。虽然随着采样时间间隔的增加，系统误差和随机误差离散程度都在增大，但是同一估计方法不同监测频率的误差之间的相对大小趋势保持一致，即随着采样时间间隔增加，随机误差的离散程度呈上升趋势。

### 4.1.3.1 COD$_{Mn}$ 年通量估计误差分析

图 4-3 中展示了 2005—2007 年 3 年中分别采用 5 种估计方法估计采样时间间隔为 2 d、5 d、10 d、30 d 的 COD$_{Mn}$ 年通量的误差分布结果。其中，中值（Mediane）即 $e_{50}$ 表征算法的系统误差，$e_{50}$ 越接近零线表明算法的系统误差越小。$e_{90}$～$e_{10}$ 反映各算法 10%～90%保证率下的误差的离散程度，范围越小表明算法的误差越集中，则算法的精度越高。综合比较 3 年的误差分布结果可以看出，3 年中估计方法 A 和估计方法 B 总体表现为较大的正的系统误差，且不稳定，原因是估计方法 A、估计方法 B 的公式中忽略了时均离散项，该结论与文献中一致。估计方法 E 只在 2005 年表现出较好的准确性，在估计 2006 年和 2007 年通量时精度较差，因此估计方法 E 不适宜用作 COD$_{Mn}$ 年通量的估计。估计方法 C 和估计方法 D 相对稳定，并且具有较好的正确度和精度。两者比较，可以得出估计方法 D 的误差离散程度更小，系统误差也更小，因此对于 COD$_{Mn}$ 年通量的估计采用估计方法 D 的精度更高。

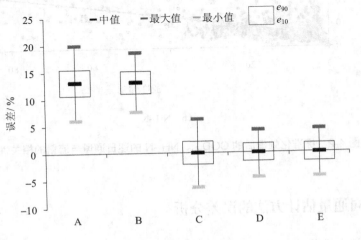

采样时间间隔为 2 d

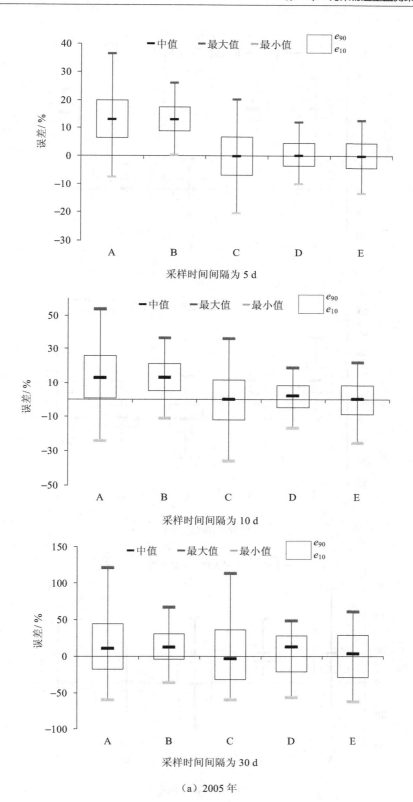

采样时间间隔为 5 d

采样时间间隔为 10 d

采样时间间隔为 30 d

（a）2005 年

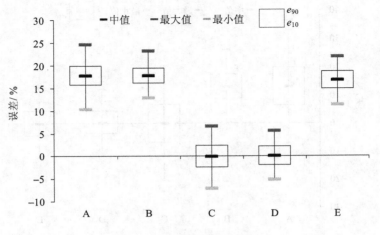

采样时间间隔为 2 d

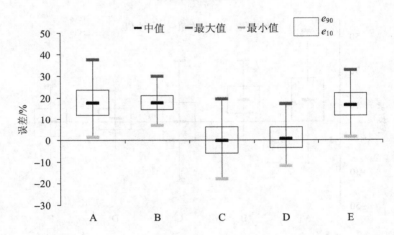

采样时间间隔为 5 d

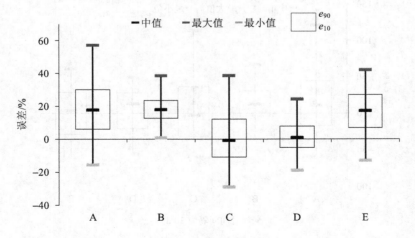

采样时间间隔为 10 d

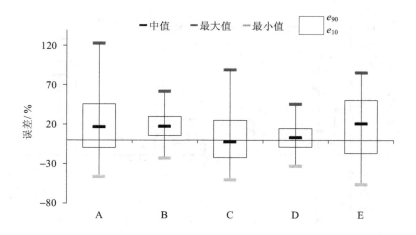

采样时间间隔为 30 d

（b）2006 年

采样时间间隔为 2 d

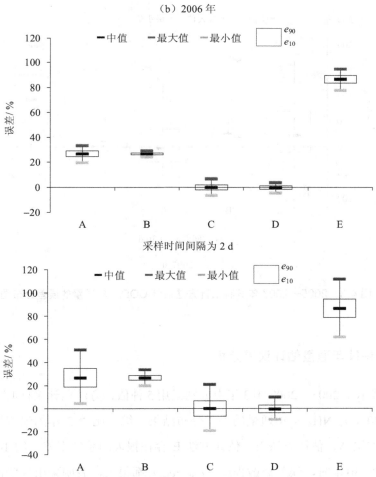

采样时间间隔为 5 d

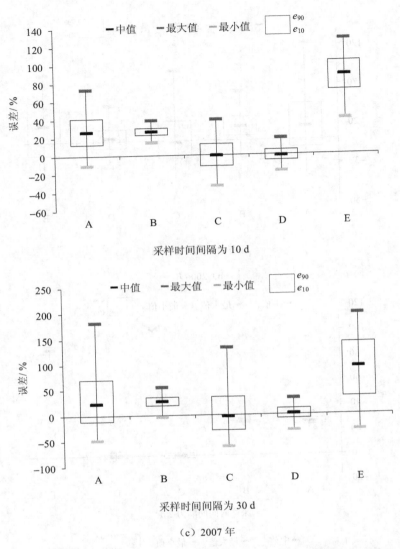

(c) 2007 年

**图 4-3　2005—2007 年 5 种估计方法估计 COD$_{Mn}$ 年通量的误差分布图**

### 4.1.3.2　NH$_3$-N 年通量估计误差分析

图 4-4 展示了 2005—2007 年 3 年中分别采用 5 种估计方法估计采样时间间隔为 2 d、5 d、10 d、30 d 的 NH$_3$-N 年通量的误差分布结果。综合比较 3 年的误差分布结果可以看出，估计方法 A、估计方法 B、估计方法 E 存在很大的系统误差，约 100%，采样时间间隔增加到 30 d 时，误差离散程度（$e_{10}$～$e_{90}$）都很大，表明采用这些估计方法估计 NH$_3$-N 年通量的准确性差。相对于其他 3 种估计方法，估计方法 C 和估计方法 D 在 3

年中的误差分布范围很窄，且中值保持在零线附近，表明估计方法 C、估计方法 D 的系统误差小。并且在采样时间间隔为 30 d 的条件下，仍具有较小的误差波动范围，表明这两种估计方法具有很高的准确性。将估计方法 C 和估计方法 D 进行比较，可以看出估计方法 C 的误差范围始终关于零线近似对称，3 年中相对稳定。而估计方法 D 相对于估计方法 C 误差波动范围较大，在采样时间间隔增大时体现得更为明显。因此确定估计方法 C 适用于估计 $NH_3$-N 年通量。

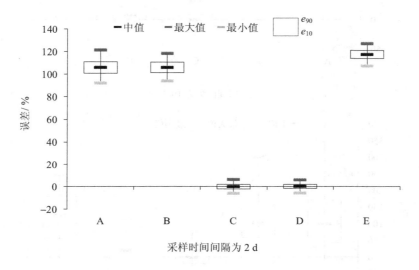

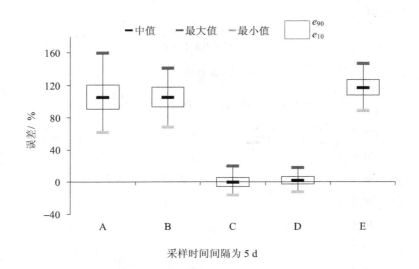

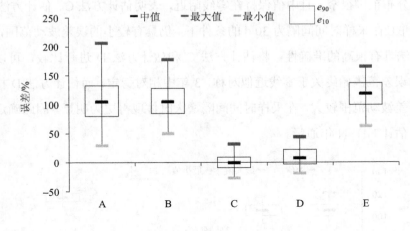

采样时间间隔为 10 d

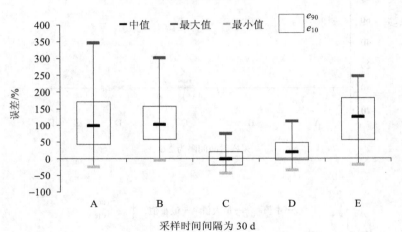

采样时间间隔为 30 d

（a）2005 年

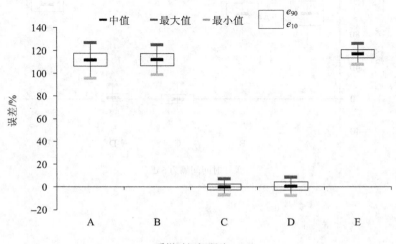

采样时间间隔为 2 d

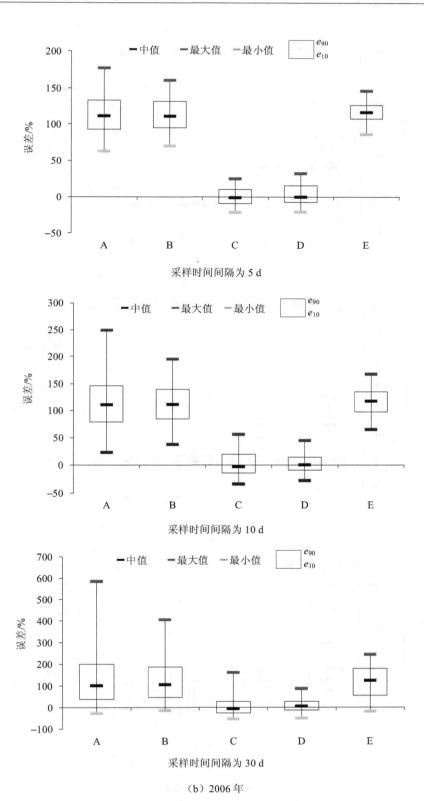

采样时间间隔为 5 d

采样时间间隔为 10 d

采样时间间隔为 30 d

（b）2006 年

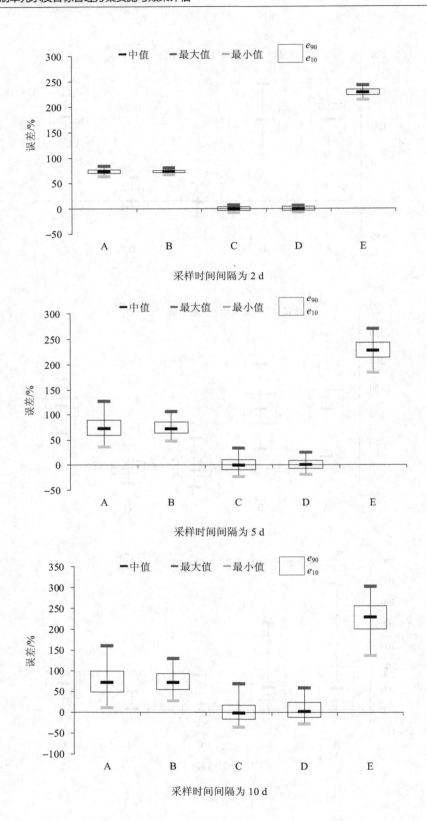

采样时间间隔为 2 d

采样时间间隔为 5 d

采样时间间隔为 10 d

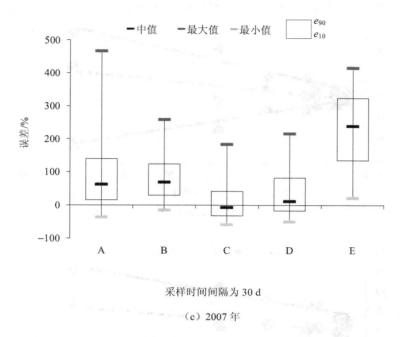

采样时间间隔为 30 d

（c）2007 年

图 4-4　2005—2007 年 5 种估计方法估计 NH₃-N 年通量的误差分布图

## 4.1.4　监测频率对通量估算结果的误差影响分析

综上，采用估计方法 D 估计 $COD_{Mn}$ 年通量。图 4-5 为通量估计的误差分布关于采样时间间隔的相关性趋势线。由图 4-5 中可以看出，由于各年的水文特征互有差异，因此 3 年的相关趋势也各不相同。然而 3 年的趋势也存在相似之处，如 3 年中误差特征值（$e_{10}$、$e_{50}$、$e_{90}$）关于采样时间间隔呈线性相关。在数据有限的情况下，可以利用现有数据采用 Monte Carlo 方法模拟通量估计的误差关于采样时间间隔的相关性趋势线，并利用该趋势线简单地确定通量监测频率。选取 3 年中误差范围最大的一幅图 [图 4-5（a）]，假设给定的估计误差波动范围为±20%，可以简便地得出，在采样时间间隔不大于 15 d 的前提下估计误差能满足要求。同理在给定采样时间间隔的前提下，利用该趋势线也可以简单地预测误差的波动范围。

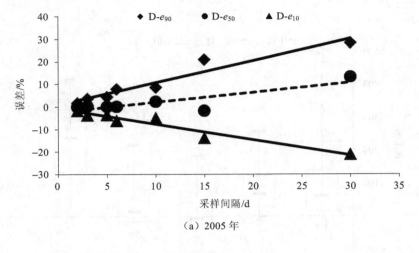

（a）2005 年

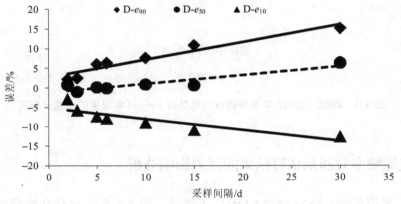

（b）2006 年

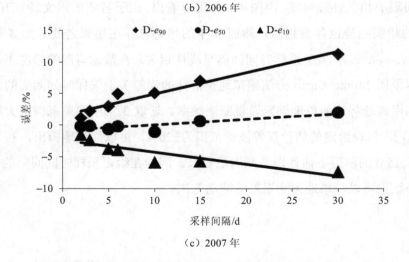

（c）2007 年

**图 4-5　通量估计的误差与采样时间间隔的相关性（COD$_{Mn}$）**

采用估计方法 C 估计 NH₃-N 年通量，同理在图 4-6 中选取误差范围最大的一幅图 4-6（c）确定监测频率。由图 4-6（c）可以得出，为保证误差波动范围为±20%，采样时间间隔应当不大于 10 d。以上确定的监测频率都偏保守，利用水文特征相似的水文年的趋势图，可以得到更加准确的监测频率。

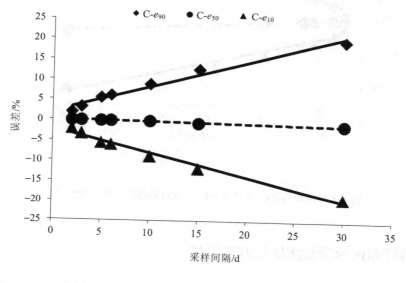

（a）2005 年

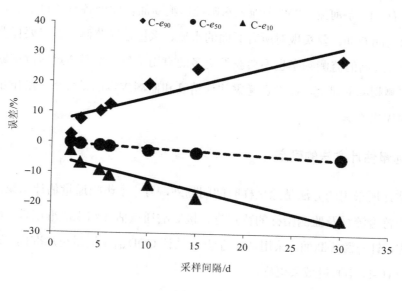

（b）2006 年

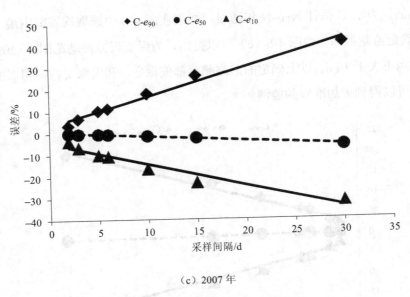

（c）2007 年

图 4-6　通量估计的误差与采样时间间隔的相关性（NH₃-N）

### 4.1.5　滁槎断面通量监测优化方案研究

我国地域广阔，河流星罗棋布，有长江、黄河、珠江、松花江、淮河、海河和辽河七大水系，有 318 条河流、759 个地表水国控监测断面，此外各省（自治区、直辖市）都有自己的监测断面。要实现对所有断面的水质、水量在线监测，不仅要耗费大量的人力物力，而且过高的监测频率也不会获得更多的有用信息。本书通过对滁槎断面通量估计方法和监测频率的研究，在综合考虑估计精度和监测成本的条件下，给出了滁槎断面通量监测的优化方案。

#### 4.1.5.1　通量估计方法的确定

通量估计所采用的方法是除采样时间间隔外，另一个影响通量估计结果的因素，估计公式是否符合流域及监测指标的特点将直接影响通量估计结果的准确性。基于上述分析可以确定，针对滁槎断面，采用估计方法 D 估计 COD$_{Mn}$ 年通量更加准确；采用估计方法 C 估计 NH₃-N 年通量效果更好。

#### 4.1.5.2　监测频率优化

滁槎断面现有的监测频率为每 4 小时 1 次，按照 0：00、4：00、8：00、12：00、

16：00、20：00 整点启动，发布数据为最近一次的监测值。假设给定的通量估计误差范围为±20%，结合上述分析可以确定，采用估计方法 D 估计 $COD_{Mn}$ 年通量时，在监测频率不大于 15d 的条件下可满足要求，同时监测成本最小。对于 $NH_3$-N 年通量的监测频率，在同样的误差限下，监测频率应当满足不大于 10d。由于 $COD_{Mn}$ 的逐日通量与流量随时间的变化趋势同步，高峰流量时段的 $COD_{Mn}$ 通量占全年总通量的比重很大，因此可以适当增加高峰流量时段（一般为雨季）的监测频率。

## 4.2　污染源通量监测频率分析

污水处理厂是污染源中较为特殊的一类，污水处理厂受到纳污区污染源的影响，其排放量具有不规律性的特点。本书收集了江苏省常州市武进区漕桥污水处理厂 2010 年 1 月 1 日至 10 月 31 日共 304 d 的出水监测数据。监测指标包括 $COD_{Cr}$ 和流量，部分监测日无监测数据，采用月均值替代。分析原始数据得出，污水处理厂的出水浓度相对稳定，范围在 0.5～87 mg/L，均值约为 26.62 mg/L，标准方差约为 11.79，表明污水处理厂的出水水质相对稳定。全年中瞬时流量波动较大，范围在 342～3 762 842 $m^3$/d，流量的均值约为 20 929 $m^3$/d，均值标准差约为 228 076 $m^3$/d，由此也可以看出流量的离散程度大。图 4-7 为废水日排放量与 $COD_{Cr}$ 浓度随时间的变化，由图中也可以看出，废水的浓度离散程度较小，基本稳定在均值附近；全年中，废水日排放量的离散程度很大。综上分析，污水处理厂的排放特征为水质在小范围内波动，排放量随时间在较大范围内波动。

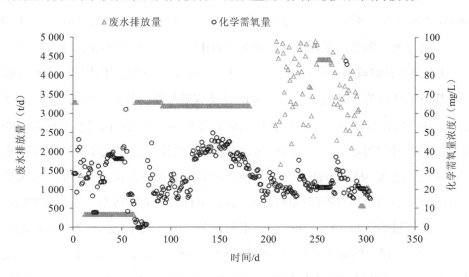

图 4-7　废水日排放量与 $COD_{Cr}$ 浓度随时间的变化

对污水处理厂的 $COD_{Cr}$ 日排放量与废水日排放量的相关性进行分析,结果见图 4-8,图中纵轴为 $COD_{Cr}$ 排放量,横轴为废水日排放量(为了分析方便对两者都做了无量纲化处理)。由图中可以得出,污水处理厂的污染物排放量与污水排放量呈线性相关,相关系数 $R$ 的平方值为 0.944,二者具有很高的相关性。

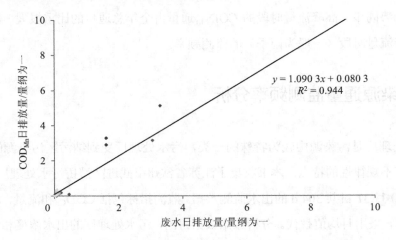

$$y = 1.090\,3x + 0.080\,3$$
$$R^2 = 0.944$$

**图 4-8　$COD_{Cr}$ 日排放量—废水日排放量相关性趋势线**

## 4.2.1　时段通量估计方法的筛选

目前,我国对于重点污染源的监督性监测频率为重点污染源 4 次/a,一般污染源 2～4 次/a。对于污染源年排放量的估计,往往以离散采样的数据估计全年的排放量。本书采用 Monte Carlo 方法模拟了采样时间间隔在 2 d、5 d、10 d、15 d、30 d、60 d、150 d 的监督性监测方案,例如,采样时间间隔为 150 d 代表一年中对污染源进行 2 次监督性监测。图 4-9 为 5 种时段通量估计方法估计的污水处理厂 $COD_{Cr}$ 年排放量的相对误差分布情况,其中年通量的基准值为全年 304 d 日排放量数据的总和,数据处理方法同 3.2 节。由图可知,估计方法 A、估计方法 C 的误差分布极不稳定,出现高采样时间间隔的误差大于低采样时间间隔的情形,因此估计方法 A、估计方法 C 均不适用于年排放量的估计。除估计方法 A、估计方法 C 外,其他 3 种算法的误差范围(最小值～最大值)随着采样时间间隔的增加都有不同程度的增大。在采样时间间隔较小、监测频率较高时,误差的最大值和最小值与 10%～90%保证率的误差范围($e_{10}$～$e_{90}$)较为接近,随着采样时间间隔的增大,误差的最大值和最小值与 10%～90%保证率的误差范围($e_{10}$～$e_{90}$)距离逐渐拉大,这表示统计结果出现较大偏差的概率在增大。相对估计方法 A 和估计方法

C，估计方法 B、估计方法 D 和估计方法 E 的误差范围较小，10%～90%保证率的误差也较为集中，故估计方法 B、估计方法 D 和估计方法 E 在各采样时间间隔下精度较高。其中，估计方法 B 的精度最好，因此确定将估计方法 B 作为年通量的估计方法。

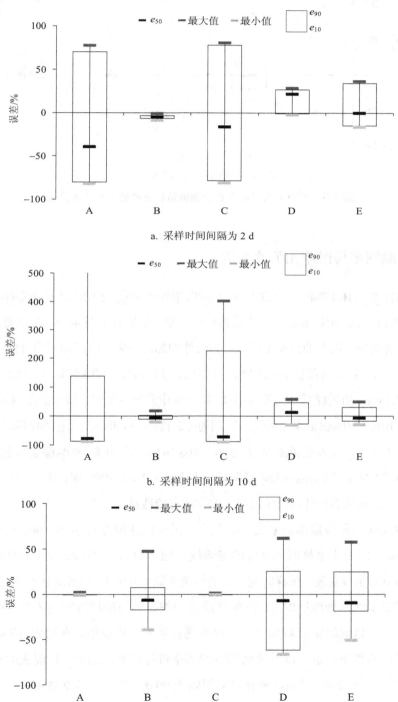

a. 采样时间间隔为 2 d

b. 采样时间间隔为 10 d

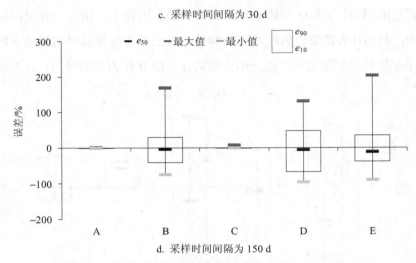

c. 采样时间间隔为 30 d

d. 采样时间间隔为 150 d

图 4-9 不同监测间隔下 5 种通量估计方法的相对误差分布

## 4.2.2 监测频率与误差相关性分析

采用估计方法 B，即瞬时平均浓度 $C_i$ 与时段平均流量 $\overline{Q_r}$ 之积统计不同采样时间间隔下污水处理厂的 $COD_{Cr}$ 年排放量，并分析其相对误差，结果列于图 4-10，可以看出，随着采样时间间隔的增加，误差的分布范围呈近似线性增加，当采样时间间隔为 15 d，即一年中监测 24 次时，误差的范围为 −20.7%～17.7%，其 10%～90%保证率下的误差区间为 −12.39%～4.15%；当采样时间间隔为 60d，即一年中监测 6 次时，误差的范围为 −50.12%～81.64%，其 10%～90%保证率下的误差区间为 −22.32%～11.40%；当采样时间间隔为 150 d，即每年监督 2 次时，误差的范围为 −74.63%～168.14%，其 10%～90%保证率下的误差区间为 −41.40%～29.34%。随着监测频率的降低，极值点距 10%～90%保证率下的误差区间的距离不断增加，这意味着估计结果出现较大偏差的可能性越大。

为直观反映误差与监测频率之间的关系，采用线性拟合对 10%～90%保证率的误差区间 $e_{10}$～$e_{90}$ 绘制关于采样时间间隔的趋势线（图 4-11），其中 $e_{90}$ 关于采样时间间隔的相关系数为 0.975，$e_{10}$ 关于采样时间间隔的相关系数为 0.989，二者均接近 1，表明采用估计方法 B 统计的污水处理厂的 COD 年排放量误差区间与采样时间间隔存在明显的线性关系。据此，可以对给定监测频率下的误差进行预测，相反地，在给定 10%～90%保证率误差范围的条件下，也可以对最低的监测频率进行预测。例如，目前我国对重点污染源的监督性监测一般为 4 次/a，采样时间间隔为 90 d，本例中当监测频率为 4 次/a 时，其 80%保证率下的误差区间为–28.47%～17.61%。

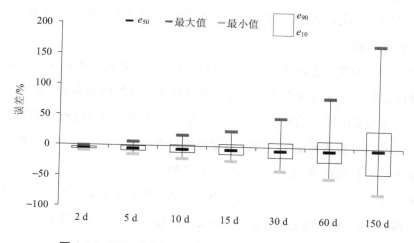

图 4-10　不同采样时间间隔下的误差分布（估计方法 B）

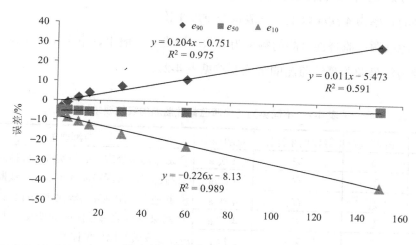

图 4-11　误差与监测频率的相关性

## 4.2.3　污染源监测频率实施建议

参照《地表水和污水监测技术规范》（HJ/T 91—2002），流域内重点污染源的总量监测主要采用在线监测、监督性监测和年度审查相结合的方式。对于重点污染源按照累计等标污染负荷与排水量相结合的原则将其分为 A、B、C 三类，采用分类监测的频率设置原则区别对待。

（1）在线监测

限于目前的实施条件，在线监测只能对部分 A 类污染源适用。要求城市污水处理厂必须安装在线监测系统，其他排污量较大的 A 类污染源逐步实现在线监测。

（2）监督性监测

监督性监测的对象为监测清单所确定的重点污染源，是对其年内排污状况的随机性检查。监督性监测的实施时间由地方环境监测站依据污染源所属类别，按规定的频率选择，要求尽可能与其所汇入的入河排污口总量监测、地表水通量监测同期进行，并在入河排污口或下游总量监测断面的污染物通量发生异常时，分析污染源排污状况，对可能导致地表水水质恶化的污染源进行临时性补充监测。

①A 类污染源：有在线监测系统的污染源，监督性监测的频率为 2 次/a 以上，一般上、下半年各 1 次；没有在线监测系统的污染源，必须安装等比例采样器，监督性监测的频率为 4 次/a 以上，一般每个季度 1 次。

②B 类污染源：污染物排放总量随时间变化较大的污染源应逐步安装等比例采样器。监督性监测的频率为 4 次/a 以上，一般每个季度 1 次。

③C 类污染源：监督性监测的频率为 2 次/a 以上，一般上、下半年各 1 次。

不同类型污染源监督性监测的实施要求见表 4-2。

表 4-2　不同类型污染源监督性监测的实施要求

| 污染源 | 在线监测 | 等比例采样器 | 监测频率 | 监测要求 |
|---|---|---|---|---|
| A 类 | 有 | 无 | 2 次/a | ① 城市污水处理厂必须实现在线监测； |
| | 无 | 有 | 4 次/a | ② 排污量较大污染源逐步实现在线监测； |
| B 类 | 无 | 有 | 4 次/a | ③ 其他污染源须安装等比例采样器； |
| | 无 | 无 | 4 次/a | ④ 污染物排放总量随时间变化较大的污染源 |
| C 类 | 无 | 无 | 2 次/a | 应逐步安装等比例采样器 |

（3）年度审查

除监督性监测外，建议对工业污染源和集约化畜禽养殖污染源增加每年 1 次的年度审查工作。年度审查由地方环境保护行政主管部门根据其下属监测站的监测力量采取抽样方式确定审查数量和审查对象。抽样的范围以监督性监测数据与排污申报登记结果发生重大偏离（一般可将相对偏差超过 30%视为重大偏离）的污染源为主要对象，但不限于此。

对于工业企业，年度审查要求在设计负荷或最大负荷运行工况下进行。在实施产污、排污监测的同时，调查企业生产情况、原料及能源消耗、用水与循环水情况、污水治理设施的运行情况等；对于集约化畜禽养殖污染源，年度审查要求在畜禽存栏数不小于其排污申报登记中的年均存栏数条件下进行。在实施产污、排污监测的同时，调查核实养殖场的养殖规模、用水量、清粪工艺和粪便综合利用情况、污水治理设施的运行情况等。

监督性监测和年度审查实施的对象和方式不同，前者是对固定样本在不同时间排污状况的随机监测，而后者是对随机样本（包括排污数据可疑的污染源）在最大排污工况下的监测，两者在有效实施总量监测过程中缺一不可。此外，通过年度审查所掌握的污染源产污相关信息，能够为准确核定同类污染源的排污总量提供依据。

## 4.3　本章小结

本章以赣江滁槎断面为例，对其 2005—2007 年的污染物通量进行了分析，表明污染物类型、采样时间间隔以及估计方法是影响河流污染物通量估计结果精度的主要因素。赣江滁槎断面的 $COD_{Cr}$ 通量受流量影响较大，$NH_3\text{-}N$ 通量则受流量影响较小，因此，$COD_{Cr}$ 采用瞬时浓度 $C_i$ 与代表时段平均流量 $\overline{Q_p}$ 之积的方法计算年通量结果较准确，$NH_3\text{-}N$ 采用时段瞬时通量平均计算的通量结果较准确。理论和实例研究表明，估计方法 C 适合通量与流量相关度较小的污染物，估计方法 D 适合通量与流量相关度较大的污染物，估计方法 E 是估计方法 D 考虑总径流量修正后的变形，也适用于通量与流量相关度较大的污染物。

本章还以污水处理厂为例，对不稳定排放点源的监督性监测频率进行了研究。采用 Monte Carlo 方法对不同监测频率的监测方案进行模拟，结果表明监测频率的增加能够显著提高抽样精度，但会增加相应的监测成本。由于实际工作中监测对象的数量很大，因此很难做到高频率的监测，只能在抽样精度与监测成本之间做出平衡。文中建立了抽样误差关于监测频率的相关性趋势线，借助该趋势线可分析不同监测频率下的误差范围，以及预测给定通量估计精度下的最低监测频率，为总量监测效果评估和监测方案的制订提供了科学依据。

# 第 5 章　污染源总量抽样监测案例分析

污染源是总量分配的最后一个层次，是污染物削减的实施主体，对其有效监测是评价总量控制实施情况的基础。污染源总量抽样监测方案包括污染源监测对象的筛选、监测指标和监测频率的确定等方面。本书以辽宁省营口市为例，研究污染源总量抽样监测的技术方法。

## 5.1　营口市人口和经济概况

营口市位于辽东半岛中枢，辽河入海口左岸。西临渤海辽东湾，与葫芦岛隔海相望；北与盘锦市、鞍山市为邻；东与鞍山市接壤；南与大连市相连。地理坐标位于东经 121°56′～123°02′，北纬 39°55′～40°56′。市域南北最长处为 111.8 km，东西最宽处为 50.7 km。总面积为 5 427 km²。营口市属于大陆性气候，四季分明，受季风影响大。冬季寒冷，夏季闷热，春秋两季较短。1 月平均气温为-8.5℃，7 月平均气温为 25.0℃。

营口市下辖 4 个市辖区（站前区、西市区、鲅鱼圈区和老边区），2 个县级市（大石桥市和盖州市）。此外还新增了营口市开发区、营口高新区两个经济开发区。营口市及其市辖区、县级市的面积与人口数据见表 5-1，盖州市和大石桥市是营口市面积最大和人口最多的两个地区。

表 5-1　营口市及其市辖区、县级市的面积与人口数据（全国第七次人口普查数据）

| 区划名称 | 面积/km² | 户籍人口 |
|---|---|---|
| 营口市 | 5 427 | 2 328 582 |
| 站前区 | 82 | 261 439 |
| 西市区 | 316.93 | 212 913 |
| 鲅鱼圈区 | 268 | 541 113 |
| 老边区 | 305 | 146 748 |
| 盖州市 | 2 930 | 559 271 |
| 大石桥市 | 1 612.11 | 607 098 |

营口市的冶金、石化、机械、纺织、建材、医药、电子等工业门类比较发达。耐火材料、三聚氯氰、催化剂、三角钢琴、安全门等产量居全国前列。营口市已跨入全国城市投资硬环境 40 优行列，已有 37 个国家和地区的企业来营口投资兴业，共创立"三资企业"2 000 余家。

营口市 2020 年全年地区生产总值为 1 325.5 亿元，比上年增长了 1.6%。其中，第一产业增加值为 107.3 亿元，增长了 3.5%；第二产业增加值为 584.4 亿元，增长了 1.2%；第三产业增加值为 633.8 亿元，增长了 1.6%。

## 5.2　污染源的结构分析

研究数据来源于营口市污染源普查信息。本书依据污染物来源将污染源分为生活污染源、工业污染源、农业污染源三大类。其中生活污染源统计指标包括常住人口数量、煤炭和石油燃料的消耗量、生活污水产生量、垃圾产生量、$BOD_5$、COD、$NH_3\text{-}N$、TN、TP 等。垃圾处理场及城镇污水处理厂合并入城镇生活污染源与工业污染源进行统计。工业污染源涵盖了能源产业、农副产品加工业、医药化工、装备制造、电子信息业、冶金、非金属矿产业、纺织造纸、其他等各大行业，总计 852 个。农业污染源包括种植业源、畜禽养殖业源和水产养殖业源三大类污染源。表 5-2 对营口市的 COD 和 $NH_3\text{-}N$ 两类污染物来源进行了汇总，同时，为了直观体现来源构成，将其展示在了饼状图中（图 5-1），可以看出，营口市 COD 的主要污染源来自工业生产，2009 年全年工业生产排放的 COD 总量为 35 041.16 t，占营口市 COD 排放总量的 40.0%，生活污染源是仅次于工业污染源的 COD 第二大来源，占营口市 COD 排放总量的 31.8%。因此，应重点控制工业污染源和生活污染源的 COD 排放量。营口市 $NH_3\text{-}N$ 的主要来源为生活污染源，占营口市 COD 排放总量的 76.3%，工业污染源与农业污染源的排放量相当，分别占营口市 COD 排放总量的 9.3% 和 14.4%。因此从控制 $NH_3\text{-}N$ 排放总量的角度出发，应把重心放在控制生活污染源上。

表 5-2　污染源汇总（2009 年）

| 污染源类型 | COD/t | $NH_3\text{-}N$/t |
|---|---|---|
| 生活污染源 | 27 891.91 | 3 305.74 |
| 工业污染源 | 35 041.16 | 402.89 |
| 农业污染源 | 24 758.01 | 625.33 |

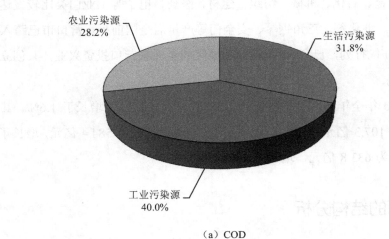

（a）COD

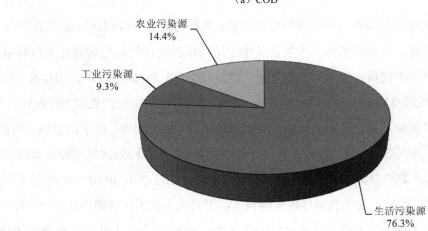

（b）NH₃-N

**图 5-1　营口市污染源来源构成（2009 年）**

## 5.2.1　生活污染源

表 5-3 汇总了 2009 年营口市六大区（市）的污染物排放情况，从污水排放量来看，排水量超过 1 000 万 t 的区（市）包括站前区、西市区、鲅鱼圈区和大石桥市。

**表 5-3　营口市生活污染源汇总（2009 年）**

| 名称 | 污水排放量/万 t | COD/t | NH₃-N/t | TN/t | TP/t |
|---|---|---|---|---|---|
| 站前区 | 1 599 | 6 373 | 755 | 986 | 69.2 |
| 西市区 | 1 034 | 3 738 | 443 | 578 | 40.6 |

| 名称 | 污水排放量/万 t | COD/t | NH₃-N/t | TN/t | TP/t |
|---|---|---|---|---|---|
| 鲅鱼圈区 | 1 021 | 6 671 | 791 | 1 032 | 72.4 |
| 老边区 | 317 | 1 931 | 229 | 299 | 21.0 |
| 盖州市 | 781 | 4 084 | 484 | 632 | 44.3 |
| 大石桥市 | 1 200 | 5 096 | 604 | 789 | 55.3 |

图 5-2 是营口市生活污染源的构成。由于生活污染源与人口成正比，因此各项污染物指标的排放量所占的比例均与该区域的人口成正比。以 COD 为例，各区（市）污染物分布相对比较均匀，其中站前区和鲅鱼圈区的 COD 排放量所占比例较大，分别占全市 COD 排放总量的 22.80% 和 23.90%；老边区的 COD 排放量最小，为 1 931t，占全市 COD 排放总量的 7%。

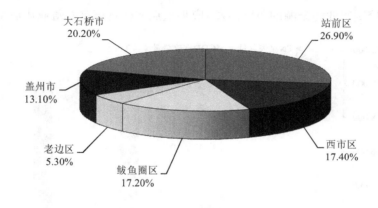

（a）污水

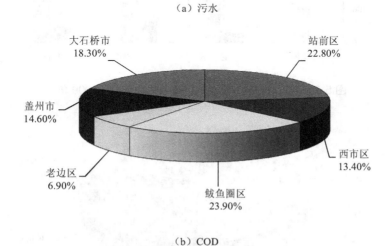

（b）COD

**图 5-2  营口市各区（市）生活污染源排放量占全市排放总量的比例**

### 5.2.2 农业污染源

2009 年，营口市的农业污染源主要分布在鲅鱼圈区、老边区、盖州市和大石桥市四个区域。统计了其 COD、TN 和 TP 3 个指标的排放量后发现，COD 排放是 3 个指标中排放量最大的，其次是 TN，TP 的排放量最小。4 个区域中农业主要集中在大石桥市和盖州区，这二者也是农业污染源排放量最大的 2 个地区（图 5-3）。本书分种植业、畜禽养殖和水产养殖业 3 类对营口市农业污染源的排放情况进行分析后得出，农业污染源中COD 排放主要来源于畜禽养殖业，占到全市 COD 排放总量的 87%（图 5-4a）。以 $NH_3\text{-}N$ 流失量为考察指标，3 种农业污染源中，$NH_3\text{-}N$ 进入水体环境最大的为畜禽养殖业，占到全市 $NH_3\text{-}N$ 排放总量的 60%，水产养殖业与种植业的流失量相当，分别占 24% 和 16%（图 5-4b）。从控制农业污染源的角度出发，应将重点放在对畜禽养殖业排放量的控制上。

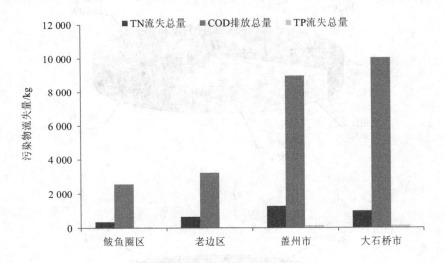

图 5-3 营口市主要农业区的污染物排放情况（2009 年）

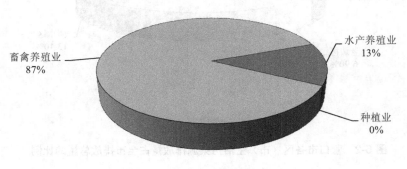

（a）COD 排放量

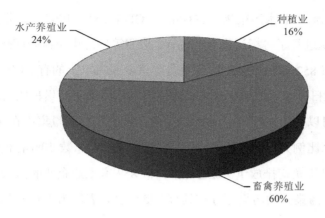

（b）NH<sub>3</sub>-N 流失量

图 5-4　农业污染源的分布结构（2009 年）

## 5.3　工业污染源抽样监测的策略研究

　　通过前面的分析可知，2009 年营口市重要的污染物来源为农业污染源和工业污染源，其中工业污染源是最大的一类污染物来源，农业污染源是仅次于工业污染源的又一重要污染物来源，生活污染源相对分散，并且大部分城镇生活污染源的生活废水都已经纳入了城镇污水处理厂，故生活污染源的污染控制应采取政策引导、提倡节约以及集中处理的措施来控制。本书将研究重点放在对工业污染源和农业污染源中的畜禽养殖业两个方面。因为，相对于生活污染源，这二者更易控制；并且工业污染源和农业污染源中的畜禽养殖业排放的污染物总量占了污染源排放总量的大部分比重。

### 5.3.1　重点工业污染源名录

　　参照《污水综合排放标准》（GB 8978—1996）及相关行业标准 [《造纸工业水污染物排放标准》（GB 3544—1992）、《船舶工业污染物排放标准》（GB 4286—1984）、《海洋石油开发工业含油废水排放标准》（GB 4914—1985）、《纺织染整工业水污染物排放标准》（GB 4287—1992）、《肉类加工工业水污染物排放标准》（GB 13457—1992）、《合成氨工业水污染物排放标准》（GB 13458—1992）、《钢铁工业水污染物排放标准》（GB 4287—1992）、《航天推进剂水污染物排放标准》（GB 14374—1993）、《兵器工业水污染物排放标准》（GB 14470.1—14470.3 93）、《磷肥工业水污染物排放标准》（GB 15580—

1995)、《烧碱聚氯乙烯工业水污染物排放标准》(GB 15581—1995)],分行业对营口市2009年的工业污染源进行了等标污染负荷统计。按照等标污染负荷降序排列,等标污染负荷累积比占到全部852家污染源等标污染负荷总量85%以上的有34家工业企业。图5-5展示了工业企业日排水量的频率分布直方图与等标污染负荷累积比关于日排水量的分布曲线,经分析可以得出,营口市90%的工业企业的日排水量集中在0~50 t,对应的等标污染负荷累积比例为3%,剩余的、占全部工业企业总数10%的企业贡献了全部工业源97%的等标污染负荷排放量。通过对营口市852家工业企业的污染物等标负荷进行分析后发现,工业污染源的污染源分布具有垄断特征,表现为少数的几家大型企业的排放量占到全部污染源的绝大部分比重。

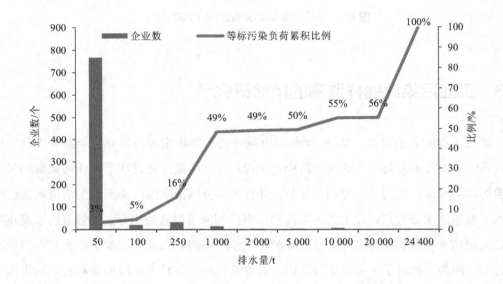

图 5-5  工业污染源日排水量频率分布与等标污染负荷累积比例

按照累积等标污染负荷排放量在85%以上的企业,要作为重点监测污染源的原则,营口市至少要对其34家工业企业进行监测。结合营口市现有的监测能力,同时考虑环境统计工作中企业虚报、瞒报排污量的情况,对营口市重点工业污染源的划分采取累积等标污染负荷与日排水量相结合的原则。

按照日排水量大于100 t的工业企业要作为重点污染源的原则,营口市一共有65家企业进入了重点监测企业名单,等标污染负荷累积比达到了95%。营口市现有的监测能力完全能够满足对以上65家企业进行监测的要求。

### 5.3.2　重点工业污染源监测频率

参照重点污染源分类原则，日排水量大于等于 1 000 t 的企业有 13 家，日排水量为 500～1 000 t 的企业有 4 家，日排水量小于 500 t 的企业有 48 家。由此确定重点污染源中 A 类、B 类、C 类的个数分别为 13、14 和 48。

A 类污染源：有在线监测系统的污染源，监督性监测的频率为 4 次/a 以上，一般上、下半年各 1 次；没有在线监测系统的污染源，必须安装等比例采样器，监督性监测的频率为 4 次/a 以上，一般每个季度 1 次。

B 类污染源：例行监测的频率为每个季度 1 次，污染物排放总量随时间变化较大的污染源应逐步安装等比例采样器。监督性监测的频率为 4 次/a 以上，一般每个季度 1 次。

C 类污染源：监督性监测的频率为 2 次/a 以上，一般上、下半年各 1 次。

不同类型污染源监督性监测的实施要求见表 4-2。

## 5.4　畜禽养殖污染源抽样监测策略研究

营口市的畜禽养殖业主要集中在鲅鱼圈区、老边区、盖州市和大石桥市 4 个区（市），各区（市）的 COD 和 $NH_3\text{-}N$ 排放量比例见图 5-6，由图可知，COD 排放量最大的为鲅鱼圈区，4 个区（市）按照 COD 排放量从大到小排列依次为鲅鱼圈区、盖州市、老边区、大石桥市。

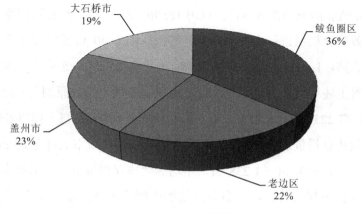

（a）COD 排放量

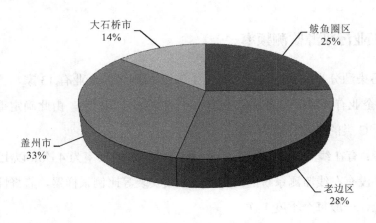

（b）NH₃-N 排放量

图 5-6　营口市各区（市）畜禽养殖业的 COD 和 NH₃-N 排放量情况

4 个地区中，$NH_3$-N 排放量最大的为盖州市，占 4 个地区 $NH_3$-N 排放总量的 33%，排放量最小的为大石桥市。参照《畜禽养殖业污染物排放标准》（GB 18596—2001）对营口市 2009 年畜禽养殖场的等标污染负荷进行了统计（表 5-4）。

表 5-4　畜禽养殖业污染物最高允许日均排放浓度

| 控制项目 | $BOD_5$/<br>（mg/L） | COD/<br>（mg/L） | SS/<br>（mg/L） | $NH_3$-N/<br>（mg/L） | TP 以 P 计/<br>（mg/L） | 粪大肠杆菌/<br>（个/100 mL） | 蛔虫卵/<br>（个/L） |
|---|---|---|---|---|---|---|---|
| 标准值 | 150 | 400 | 200 | 80 | 8.0 | 1 000 | 2.0 |

参照《畜禽养殖业污染物排放标准》（GB 18596—2001），对具有不同饲养种类的畜禽养殖场按照等效猪存栏量进行了降序排列。等效原则为 30 只蛋鸡折算成 1 头猪，60 只肉鸡折算成 1 头猪，1 头奶牛折算成 10 头猪，1 头肉牛折算成 5 头猪。本书以等标污染物负荷排放量对上述等效原则进行了验证，结果显示以上等效原则与实际基本相符。图 5-7 展示了营口市 225 家畜禽养殖场等效猪存栏量的频率分布直方图以及等标污染负荷累积比关于等效猪存栏量的趋势线。经分析可以得出，营口市大部分企业的养殖规模集中在年均等效猪存栏量为 80～1 238 头，年均等效猪存栏量小于 2 010 头的养殖场的累积等标污染负荷排放量占等标污染负荷总量的比例约为 80%，年均等效猪存栏量在 2 589～8 867 头的养殖场的累积等标污染负荷排放量占等标污染负荷总量的比例约为 20%。

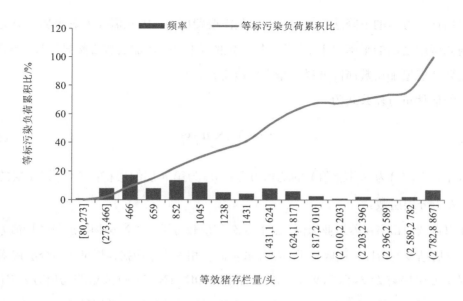

**图 5-7　畜禽养殖业等效猪存栏量的频率分布及等标污染负荷累积比关于等效猪存栏量的趋势**

按照年均等效猪存栏量大于等于 3 000 头的畜禽养殖场要作为重点污染源的原则，营口市共有 15 家集约化畜禽养殖场进入了重点污染源监测名单，这 15 家集约化畜禽养殖场的等标污染负荷累积比占营口市等标污染负荷总量的 24%。通过对 225 家畜禽养殖场的累积等标污染负荷分布情况分析后发现，所有畜禽养殖场中累积等标污染物排放量（降序排列）占到 85% 的企业有 105 家。与工业污染源中重点污染源分布相对集中不同，畜禽养殖污染源的分布相对分散，没有出现工业污染源中的"垄断"现象。单纯地对重点污染源进行监测不能实现对整个畜禽养殖业污染物排放量的有效控制。结合畜禽养殖业累积等标污染负荷的分布特征，采用总体分层抽样的方法能够更准确地实现对总体排放量的监测。因此，对于监测对象的选择实际已转化为抽样的问题，抽样方法的科学性、样本容量的大小将直接影响对总体排放量的准确估计。

### 5.4.1　层数的确定

对污染源进行监测是为了估计行业总体的污染物排放量 $Y_{st}$，按照排放量 $Y_i$ 进行分层当然是最好的，但我们在调查之前并不知道 $Y_i$ 的值，因此只能通过与 $Y_i$ 高度相关的 $X_i$（对于工业企业，$X_i$ 可以选为日排水量；对于畜禽养殖业，$X_i$ 可以选为存栏量）来进行分层。通过对分层抽样与简单随机抽样的比较发现，前者要比后者精度高。因此，我们设想是否可以对总体进行尽可能地分层，使得层内的差异降低，但这样将需要考虑层数增加时估计量方差的下降速度。同时分层是需要费用的，因此需要考虑增加层数提高的精度与总费用之间的平衡，因为在总费用一定的条件下，增加层数必然导致样本量降低，这时就要考虑增加层数而降低样本量在精度上是否合算。

$Y_i$ 的估计量方差公式为

$$V\left(\overline{Y}_{\mathrm{st}}\right) = \sum_{h=1}^{L} W_h^2 S_h^2 \tag{5-1}$$

式中，$V\left(\overline{Y}_{\mathrm{st}}\right)$ 为总体总值 $Y_i$ 的均值方差；$W_h$ 为第 $h$ 层的层权；$S_h^2$ 为第 $h$ 层的均值方差；$L$ 为分层层数。

本书以营口市畜禽养殖业为例，进行了分层层数分析。以污染物排放量的均值方差作为衡量分层精度的指标，选取与污染物排放量高度相关的年均猪存栏量作为分层依据，分别计算了分层层数 $L=3$、5、7、9、11、13 条件下，COD、TN、TP 排放量的均值方差 $V\left(\overline{Y}_{st}\right)$，并对均值方差开方得到标准差，绘制标准差关于分层层数的相关性趋势线（图 5-8）。

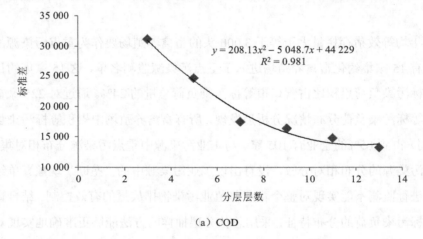

（a）COD

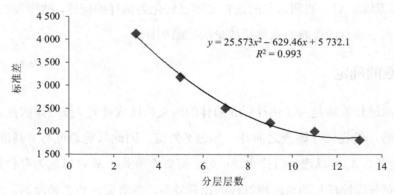

（b）TN

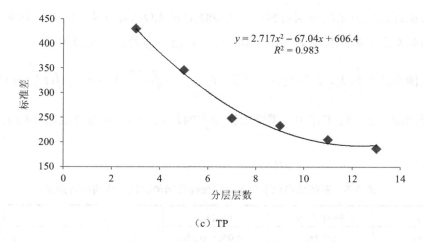

（c）TP

图 5-8 标准差关于分层层数的相关性

由图 5-8 可以直观地看出，当层数小于 10 层时，随着层数的增加，总体 $Y_i$ 的标准差下降得很快，在层数接近 12 层时下降趋势逐渐减缓，当层数约等于 12 时，趋势线的斜率接近 0，表明此时层数的增加对精度的提高作用变得十分微弱。综合考虑层数增加对精度的提高以及分层成本，建议分层层数在 8～11 层。

## 5.4.2 样本量的确定

选取 $COD_{Cr}$ 排放量 $Y$ 作为目标参数，假定 $Y$ 的相对误差设置为 10%，分别在 95%、80%、60%、50% 的置信水平下，由式（3-39）计算分层所需的样本量，分层随机抽样的抽样比例分别为 69.7%、49.9%、29.7%、21.5%，得出样本量分别为 157 个、112 个、67 个、48 个。抽样样本比例和置信水平的关系对比见图 5-9。

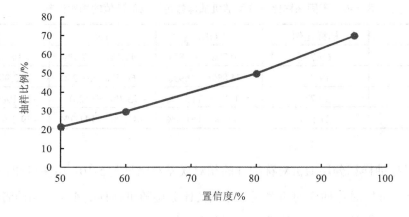

图 5-9 抽样样本比例与置信水平的关系曲线

不同抽样比例下采用分层对称抽样方法统计的 $COD_{Cr}$、TN、TP 3 种污染物排放总量估计值相对误差的结果见表 5-5。由表可以看出，随着抽取比例的减小，统计值的相对误差范围在逐步增大，表明统计值落到 $\left[ Y_{st} - z_{\partial/2} \cdot \sqrt{v(Y_{st})}, Y_{st} + z_{\partial/2} \cdot \sqrt{v(Y_{st})} \right]$ 区间外的概率在不断增加。在实际工作中，需要根据调查的预算、估计量统计的精度确定合适的样本量。

表 5-5　不同抽样比下分层对称抽样各污染物估计值的相对误差

| 置信水平 | 抽样比例 | $COD_{Cr}$ | TN | TP |
|---|---|---|---|---|
| 95% | 69.7% | −4.9%～0.2% | −7.8%～0.5% | −4.0%～0.3% |
| 80% | 49.9% | −16.8%～1.1% | −14.7%～2.1% | −15.5%～1.4% |
| 60% | 29.7% | −28.4%～19.0% | −31.6%～20.1% | −30.3%～25.4% |
| 50% | 21.5% | −40.5%～50.8% | −34.0%～26.4% | −37.4%～54.1% |

### 5.4.3　抽样方式的确定

目前，对污染源进行抽样调查常用的样本抽取方式为分层随机抽样和分层对称抽样。考虑畜禽养殖污染源污染物排放量与养殖规模（存栏量）正相关，在抽取各层样本时，采用分层对称抽样的方式进行抽取，结果见表 5-5。为了比较这两种抽样方式的优劣，本书在同样的抽样比例下，又采用分层随机抽样进行了各层样本的抽取，并计算了 $COD_{Cr}$、TN、TP 3 种污染物排放总量统计值的相对误差，结果见表 5-6。

表 5-6　不同抽样比下分层随机抽样各污染物估计值的相对误差

| 置信水平 | 抽样比例 | $COD_{Cr}$ | TN | TP |
|---|---|---|---|---|
| 95% | 69.7% | −60.7%～71.8% | −47.1%～42.1% | −63.8%～33.8% |
| 80% | 49.9% | −74.8%～59.9% | −66.5%～63.2% | −72.9%～54% |
| 60% | 29.7% | −81.3%～115.2% | −75.1%～112.0% | −77.1%～108.7% |
| 50% | 21.5% | −84.6%～151.8% | −81.7%～141.7% | −79.2%～151.2% |

分层对称抽样和分层随机对称抽样的相对误差对比见图 5-10。由图可知，在相同的抽样比例下，分层对称抽样的相对误差范围要比分层随机抽样的小，表明前者的精度优于后者。虽然这两种抽样方式都是等概率抽样，但分层随机抽样会使样本中排放量较小

或者较大的一群个体被集中抽到，导致对均值的估计值偏低或偏高。而分层对称抽样方式，预先对样本进行排序，然后按照对称的方式成对地抽取样本，保证了调查样本中排放量较大和较小的单位被均匀抽取。因此在调查总体存在线性趋势时，采用分层对称抽样的精度明显高于采用分层随机抽样。

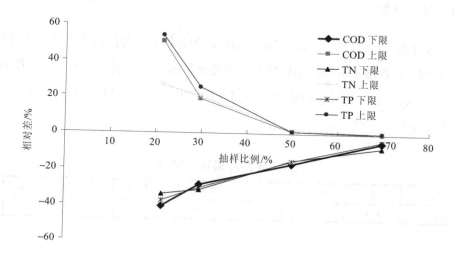

（a）分层对称抽样的误差范围

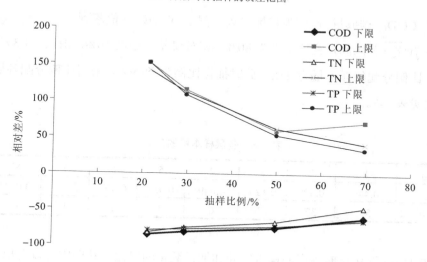

（b）分层随机抽样的误差范围

图 5-10  分层对称抽样和分层随机抽样的相对误差对比

### 5.4.4    监测方案优化

综上，对营口市畜禽养殖业的抽样监测方案进行了优化调整。

#### 5.4.4.1    分层层数

将总体分为 11 层，虽然保证了抽样精度，但却增加了分层成本，并且当分层层数接近 12 层时，层数增加对提高抽样精度的速度变得缓慢。11 层的分法中 8 层和 10 层的样本量为 0（表 5-7）。因此，将第 8 层与第 9 层合并、第 10 层与第 11 层合并，合并后总体共分为 9 层。

表 5-7    分为 11 层时各层样本量

| 层序号 | 1 | 2 | 3 | 4 | 5 | 6 | 7 | 8 | 9 | 10 | 11 |
|---|---|---|---|---|---|---|---|---|---|---|---|
| 样本量/家 | 101 | 74 | 27 | 11 | 5 | 1 | 2 | 0 | 1 | 0 | 3 |

#### 5.4.4.2    样本量

选取 $COD_{Cr}$ 排放量 $Y$ 作为目标参数，假定 $Y$ 的统计值落到（$Y_{st} - z_{\partial/2} \cdot \sqrt{v(Y_{st})}$，$Y_{st} + z_{\partial/2} \cdot \sqrt{v(Y_{st})}$）区间，置信水平为 80%，相对误差不超过 10%，由式（3-39）计算可以得到，比例分配的样本量为 112，此时抽样比例为 49.9%。采用比例分配各层的样本量，结果见表 5-8。

表 5-8    各层样本量的分配

| 层序号 | 1 | 2 | 3 | 4 | 5 | 6 | 7 | 8 | 9 |
|---|---|---|---|---|---|---|---|---|---|
| 层权 | 0.449 | 0.329 | 0.120 | 0.049 | 0.022 | 0.004 | 0.009 | 0.004 | 0.013 |
| 各层样本量/家 | 50 | 37 | 13 | 6 | 2 | 1 | 1 | 1 | 1 |

图 5-11 是分 9 层时各层的样本空间和抽样数量的对比。从图中可以看出，抽样效果的好坏主要取决于第 1 层、2 层和 3 层。这 3 层的样本空间合计为 202 家企业，抽样数量合计为 100 家企业。

采用分层对称抽样的方式在各层进行了样本的抽取，并按照式（3-46）的方法统计了 3 种污染物的排放总量，计算了排放总量统计值相对于真实值的相对误差。在置信水平为 80%、相对误差不超过 10% 的条件下，3 类污染物排放总量估计值的相对误差范围

分别为 $COD_{Cr}$ [−16.8%，−1.1%]、TN [−14.7%，−2.1%]、TP [−15.5%，−1.4%]。三者的对比见图 5-12。

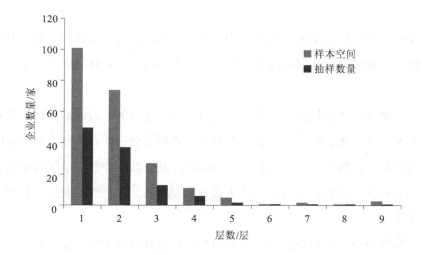

**图 5-11　各层样本空间和抽样数量的对比**

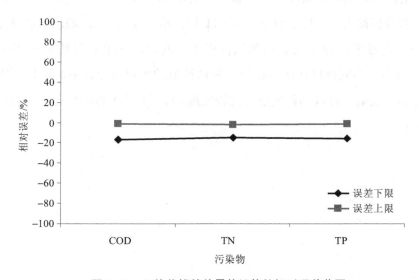

**图 5-12　污染物排放总量估计值的相对误差范围**

需要注意的是，即使有的层样本量为 1，也不能与其他层合并。因为各层的均值方差相差较大，人为地合并会使对总体均值的估计值出现较大偏差。这种影响在抽样比例，且各层样本量均减少的情况下会更加突出。

## 5.5　本章小结

本章在分析营口市污染源结构特征的基础上，重点针对污染源中占总体比重大、易于实现监测的工业污染源和农业污染源中的畜禽养殖污染源，分别研究了不同的监测策略。

在工业污染源总量抽样监测方面，以日排水量大于 100 t 为依据，结合累积等标污染负荷大于 85% 的原则，确立了工业污染源重点监测企业名单，实现了对污染源 95% 排放量的有效控制。已确定的 65 家重点监测企业，也可以结合营口市现有的监测能力做出调整。本书对重点监测企业按照日排水量分为 A、B、C 3 类，制定了分类监督性监测频率设置原则。

按照畜禽养殖业重点污染源分类原则可知，其重点污染源的累积等标污染负荷排放量占总体排放量的比重较小，对其进行监测不能实现对整个行业排放量的有效控制。因此，本书分层抽样方法对畜禽养殖业实施总量抽样监测的方案。首先，通过对分层层数与抽样精度的分析得出，分层层数应为 8～11 层，超过 11 层后，增加层数对提高精度的作用很小，而过多的分层又会增加抽样成本。其次，在给定置信水平和相对误差的前提下，得出了不同抽样比例下排放总量估计值的相对误差范围。最后，通过对分层对称抽样和分层随机抽样的精度进行比较发现，分层对称抽样的精度要明显优于分层随机抽样方式。

# 第6章 主要创新成果与建议

本书结合我国对地表水环境总量监测的需求，针对地表水环境、污染源总量监测中的关键技术方法开展了研究，取得了一定实用性和创新性的成果，为实施流域污染物总量控制制度奠定了技术基础。本书采用 Monte Carlo 理论为基础的抽样方法对通量估计误差进行了评估，比较和筛选了江西省南昌市的滁槎断面不同污染物的通量估计方法。并在此基础上，建立了通量估计误差关于采样时间间隔的相关性趋势线，利用该趋势线，对通量估计误差进行了预测，得出了给定通量估计精度下所需采取的最低监测频率。同时采用以 Monte Carlo 为基础的误差分析方法，对不稳定排放点源的监测频率进行了研究，给出了排放量估计误差关于监督性监测频率的趋势线。本书在总结、借鉴前人研究成果的基础上，结合不同行业污染源频率分布的特点，提出了重点源监测和分层对称抽样监测两种不同的污染源总量监测方式。

## 6.1 主要结论及创新成果

### 6.1.1 提出基于 Monte Carlo 理论的通量估计误差分析方法

本书提出了以 Monte Carlo 理论为基础的通量估计误差分析方法，利用历史水质和流量监测数据，针对断面的不同污染物指标确定了合适的通量估计公式。在此基础上，通过分析采样时间间隔对于通量估计误差的影响，提出了一种在给定估计精度下，最低监测频率的确定方法。文中以江西省南昌市的滁槎断面为例，采用 Monte Carlo 方法模拟了采样时间间隔分别为 2 d、3 d、5 d、6 d、10 d、15 d 和 30 d 的河流水质离散采样方案，并计算了每种采样方案下的通量；采用系统误差和离散程度两个指标，比较了 5 种常规通量估计方法的误差分布，以对河流污染物通量估计公式进行筛选。研究表明，滁槎断面 $COD_{Mn}$ 采用瞬时浓度 $C_i$ 与时段平均流量 $\bar{Q}_p$ 之积的方法计算年通量更准确；而

NH$_3$-N 由于瞬时通量与流量相关性较小，采用时段瞬时通量平均计算年通量更准确。通过进行通量误差与采样时间间隔的相关性分析，建立了各估计方法的误差随采样时间间隔的相关性趋势线，得出了在给定±20%误差范围下，COD$_{Mn}$ 的采样时间间隔应不大于 15 d，NH$_3$-N 的采样时间间隔应当不大于 10 d。

### 6.1.2 提出了污染源监督性监测频率的设置方法

本书以 2009 年江苏省常州市武进区漕桥污水处理厂逐日监测数据为基础资料，以对污水处理厂年排放量的统计为目标，采用 Monte Carlo 方法模拟了不同监测频率的监督性监测方案，并分析了各监测方案的估计误差，建立了排放量估计误差关于监测频率的相关性趋势线。结果表明两者具有相关性，利用该趋势线就能够对给定监测频率下的估计误差做出预测，反之也可以对给定误差范围下对最低监测频率进行预测。研究结果表明，对于漕桥污水处理厂 4 次/a 的监督性监测，年排放量统计值的相对误差约在±20%范围内。

### 6.1.3 提出了污染源分类监测方法

污染源分布中的垄断与经济学中的"垄断"类似，表现为少数几家大型企业的污染物排放量占到全部污染源的绝大部分比重。这种情形通常出现在工业行业中，即污染物排放集中在少数几家大型工业企业，而占行业总数大部分的工业企业的排放量只占总体排放量很小的比重。对于这种类型的污染源的总量监测，只需抓住大型污染源的监测，就能实现对整个行业的有效控制，这种监测方式被称为监测重点源式。本书以辽宁省营口市工业污染源为例，采用监测重点污染源的方式对工业行业排放量进行监测，以日排水量大于 100 t 或按从大到小排序累计等标污染负荷大于 85%作为重点污染源的划分依据，对工业行业 90%的排放量实现了监测。同时，对重点污染源进行了分类，制定了各类重点污染源的监测频率设置原则。

污染源分布中的分散特征是指污染源的排放量在分布上比较均匀，多数的污染源贡献了大部分比重的排放量。以营口市畜禽养殖业为例，按照等标污染物排放量降序排列，等标污染负荷累积比在 85%以上的养殖场占总数的一半左右。针对畜禽养殖污染源相对分散的特征，提出了基于分层抽样理论的污染源监测方式。以等效猪存栏量为依据，对全体畜禽养殖场进行分层，确定了分层层数、总样本量的确定方法、各层样本的分配以及抽样方式。同时通过比较分层随机抽样和分层对称抽样的精度，建议将分层对称抽样作为样本的抽取方式。本书完善和细化了现有的污染源监测技术方法，为实现污染源的总量监测提供了技术支撑。

## 6.2  建议

由于污染物通量研究和污染源抽样分析均是十分复杂的问题，因此对抽样理论的研究还需进一步深入。建议收集更多的在线监测或者监测密度比较高的站位或污染源，建立更有广泛适用性的监测频率与监测效果关系，为管理部门提供更为坚实的技术支撑。此外，对企业污染源监测的处罚性机制与监测效果的关系也需做进一步的研究。

# 附　录

附表1　$COD_{Mn}$ 不同采样时间间隔和通量估计方法下的误差特征值

| 采样间隔/d | 通量统计方法 | 2005年 | | | | | 2006年 | | | | | 2007年 | | | | |
|---|---|---|---|---|---|---|---|---|---|---|---|---|---|---|---|---|
| | | 中值 | $e_{90}$ | 最大值 | 最小值 | $e_{10}$ | 中值 | $e_{90}$ | 最大值 | 最小值 | $e_{10}$ | 中值 | $e_{90}$ | 最大值 | 最小值 | $e_{10}$ |
| 2 | A | 13.1 | 15.5 | 20 | 6.1 | 10.7 | 17.9 | 20 | 24.7 | 10.4 | 15.8 | 26.7 | 29 | 33.4 | 19.5 | 24.3 |
| 2 | B | 13.1 | 15.2 | 18.6 | 7.6 | 11 | 17.9 | 19.5 | 23.3 | 13 | 16.2 | 26.7 | 27.5 | 29.1 | 24.1 | 25.9 |
| 2 | C | 0 | 2.1 | 6.2 | -6.3 | -2.1 | 0 | 2.4 | 6.7 | -7.0 | -2.4 | 0 | 2 | 6.6 | -6.6 | -2.0 |
| 2 | D | 0 | 1.6 | 4.1 | -4.5 | -1.6 | 0.1 | 2.2 | 5.7 | -5.2 | -2.0 | -0.2 | 1.1 | 3.6 | -4.4 | -1.5 |
| 2 | E | 0 | 1.6 | 4.3 | -4.4 | -1.6 | 16.8 | 18.7 | 21.9 | 11.4 | 14.9 | 86.6 | 89.6 | 94.8 | 77.9 | 83.5 |
| 3 | A | 13.1 | 17.3 | 25.9 | 0.5 | 8.9 | 17.9 | 21 | 28.5 | 7.8 | 14.8 | 26.6 | 30.3 | 38.9 | 16.1 | 23.2 |
| 3 | B | 13.1 | 16.6 | 23.8 | 3.6 | 9.8 | 17.9 | 19.9 | 24.6 | 11.4 | 15.9 | 26.7 | 27.9 | 30.9 | 22.8 | 25.4 |
| 3 | C | 0.1 | 4.4 | 12.7 | -13.1 | -4.5 | 0 | 2.7 | 9.7 | -9.5 | -2.7 | 0 | 3.1 | 11.1 | -9.8 | -3.1 |
| 3 | D | 0.2 | 3.6 | -13.1 | -10.5 | -3.6 | 0.2 | 2.5 | 7.6 | -7.0 | -2.1 | -0.1 | 2.2 | 6.1 | -6.3 | -2.3 |
| 3 | E | 0.1 | 3.7 | 9 | -10.8 | -3.9 | 17 | 21.1 | 27.7 | 4.5 | 12.3 | 86.9 | 93.5 | 103.9 | 66.9 | 79.4 |
| 5 | A | 13 | 20 | 36.5 | -7.5 | 6.4 | 17.8 | 23.8 | 37.6 | 1.4 | 12 | 26.5 | 34.9 | 51.1 | 4.6 | 18.7 |
| 5 | B | 13.1 | 17.6 | 26.1 | 0.4 | 8.8 | 17.9 | 21.1 | 29.9 | 6.9 | 14.7 | 26.6 | 28.8 | 33.7 | 19.8 | 24.6 |
| 5 | C | 0 | 6.7 | 20.3 | -20.5 | -6.8 | -0.2 | 6.2 | 19.6 | -17.8 | -5.9 | -0.1 | 6.9 | 21 | -19.3 | -6.7 |
| 5 | D | 0.1 | 4.4 | 12.1 | -10.0 | -3.5 | 0.8 | 6 | 17.2 | -11.7 | -3.6 | -0.6 | 3 | 10 | -9.5 | -3.7 |
| 5 | E | -0.1 | 4.4 | 12.6 | -13.5 | -4.3 | 16.7 | 22.1 | 32.6 | 1.5 | 11.8 | 86.4 | 94.8 | 111.8 | 62.1 | 78.6 |

| 采样间隔/d | 通量统计方法 | 2005年 中值 | $e_{90}$ | 最大值 | 最小值 | $e_{10}$ | 2006年 中值 | $e_{90}$ | 最大值 | 最小值 | $e_{10}$ | 2007年 中值 | $e_{90}$ | 最大值 | 最小值 | $e_{10}$ |
|---|---|---|---|---|---|---|---|---|---|---|---|---|---|---|---|---|
| 6 | A | 13 | 21.3 | 41.5 | -10.7 | 5.2 | 17.7 | 25 | 39.2 | -3.0 | 10.9 | 26.3 | 34.6 | 54.4 | 7.1 | 19.1 |
| 6 | B | 12.9 | 18.6 | 32.7 | -1.0 | 7.9 | 17.9 | 21.7 | 31.4 | 6.3 | 14.1 | 26.7 | 29.2 | 35.1 | 18.8 | 24.2 |
| 6 | C | -0.1 | 8.4 | 28.3 | -23.7 | -8.2 | 0 | 6.9 | 21.4 | -19.6 | -7.0 | -0.2 | 6.4 | 23 | -17.3 | -6.2 |
| 6 | D | 0.1 | 7.8 | 19.6 | -13.5 | -6.1 | 0.9 | 6.4 | 17.6 | -14.1 | -4.4 | -0.2 | 5 | 14.6 | -11.6 | -3.9 |
| 6 | E | -0.3 | 7.5 | 21.5 | -17.1 | -6.7 | 16.5 | 25.6 | 39.9 | -1.8 | 9 | 86.1 | 100.5 | 123.5 | 56.8 | 74.1 |
| 10 | A | 12.9 | 25.7 | 53.8 | -24.2 | 0.6 | 17.7 | 29.9 | 57.1 | -15.6 | 5.9 | 26.4 | 41.2 | 73 | -10.8 | 12.5 |
| 10 | B | 13.1 | 21 | 36.4 | -11.0 | 5.2 | 17.8 | 23.3 | 38.4 | 0.7 | 12.6 | 26.6 | 30.4 | 38.7 | 14.5 | 22.9 |
| 10 | C | 0.1 | 11.8 | 36.2 | -36.1 | -11.9 | -0.8 | 11.9 | 38.5 | -29.0 | -10.8 | -0.1 | 12.2 | 39.2 | -33.5 | -12.1 |
| 10 | D | 2.3 | 8.5 | 18.7 | -16.7 | -4.8 | 0.8 | 7.6 | 24 | -19.0 | -5.2 | -1.1 | 5.1 | 18 | -17.8 | -5.9 |
| 10 | E | 0.3 | 8.4 | 21.9 | -25.4 | -8.7 | 17.2 | 26.8 | 41.9 | -12.9 | 6.7 | 87.2 | 102.4 | 126.6 | 39.1 | 70.4 |
| 15 | A | 12.5 | 32 | 81.1 | -36.6 | -5.0 | 17.7 | 34.4 | 75 | -26.7 | 1.5 | 25.4 | 53.8 | 115.6 | -32.6 | 1.2 |
| 15 | B | 13.2 | 23.5 | 44.4 | -17.9 | 2.8 | 17.8 | 24.8 | 45.8 | -2.5 | 11 | 26.5 | 31.7 | 42.3 | 10.6 | 21.6 |
| 15 | C | -1.0 | 23.4 | 74.7 | -51.1 | -21.8 | -0.8 | 16 | 53.5 | -36.7 | -14.7 | -1.1 | 22.5 | 72.2 | -48.5 | -20.9 |
| 15 | D | -1.6 | 20.9 | 39.1 | -31.5 | -13.7 | 1.3 | 10.8 | 36.2 | -20.0 | -6.5 | 0.6 | 7 | 23.3 | -22.4 | -5.6 |
| 15 | E | -1.6 | 21.2 | 46 | -41.3 | -17.6 | 15 | 41.6 | 68.4 | -33.9 | -3.8 | 83.7 | 126.1 | 169 | 5.6 | 53.8 |
| 30 | A | 11.1 | 44.2 | 121.1 | -59.3 | -17.4 | 16.8 | 45.7 | 122.8 | -46.5 | -9.4 | 22.9 | 69.2 | 181.3 | -48.2 | -10.8 |
| 30 | B | 12.7 | 30.8 | 67 | -35.7 | -4.0 | 17.8 | 29.8 | 61.7 | -22.8 | 5.7 | 26.8 | 34.9 | 54.2 | -3.4 | 18.7 |
| 30 | C | -3.2 | 36.2 | 113.1 | -59.3 | -31.5 | -2.1 | 25.3 | 89.4 | -50.7 | -22.3 | -3.0 | 35 | 132.5 | -61.8 | -30.1 |
| 30 | D | 13.1 | 28.2 | 48.7 | -56.4 | -21.1 | 3.4 | 15.1 | 45.8 | -33.0 | -8.6 | 2 | 11.2 | 31.4 | -30.2 | -7.4 |
| 30 | E | 3.8 | 29 | 60.8 | -62.1 | -28.5 | 21.1 | 50.6 | 85.8 | -56.2 | -16.5 | 93.7 | 140.8 | 196.7 | -30.1 | 33.4 |

附表2 NH₃-N不同采样时间间隔和通量估计方法下的误差特征值

| 采样时间间隔/d | 通量统计方法 | 2005年 中值 | e90 | 最大值 | 最小值 | e10 | 2006年 中值 | e90 | 最大值 | 最小值 | e10 | 2007年 中值 | e90 | 最大值 | 最小值 | e10 |
|---|---|---|---|---|---|---|---|---|---|---|---|---|---|---|---|---|
| 2 | A | 105.96 | 111.03 | 121.26 | 92.07 | 100.92 | 111.91 | 117.55 | 126.93 | 95.81 | 106.32 | 73.52 | 76.96 | 84.19 | 63.17 | 70.11 |
| 2 | B | 105.97 | 110.55 | 118.44 | 94.11 | 101.4 | 111.93 | 117.31 | 124.88 | 99.02 | 106.58 | 73.53 | 75.73 | 80.56 | 67.04 | 71.32 |
| 2 | C | 0 | 2.02 | 6.25 | -5.92 | -2.02 | 0 | 2.57 | 7.35 | -6.99 | -2.58 | -0.01 | 3.62 | 7.58 | -7.70 | -3.61 |
| 2 | D | 0.2 | 1.95 | 6.13 | -5.64 | -1.57 | 0.78 | 4.46 | 8.52 | -7.57 | -2.89 | 0.3 | 4.17 | 7.03 | -6.17 | -3.55 |
| 2 | E | 117.74 | 121.3 | 127.27 | 107.54 | 114.2 | 116.57 | 120.12 | 125.75 | 107.56 | 113.03 | 228.54 | 233.94 | 242.97 | 214.03 | 223.18 |
| 3 | A | 105.95 | 112.76 | 129.07 | 85.59 | 99.16 | 111.42 | 124.76 | 146.53 | 81.95 | 100.13 | 73.48 | 80.13 | 97.79 | 52.93 | 67 |
| 3 | B | 105.97 | 111.34 | 122.92 | 87.92 | 100.59 | 111.42 | 123.67 | 143.81 | 86.06 | 101.09 | 73.52 | 78.67 | 88.79 | 58.64 | 68.37 |
| 3 | C | -0.02 | 3.25 | 11.66 | -9.43 | -3.24 | -0.48 | 7.65 | 19.41 | -14.56 | -6.75 | -0.26 | 6.73 | 20.97 | -14.87 | -6.56 |
| 3 | D | 0.8 | 3.9 | 10.1 | -7.9 | -2.3 | -1.0 | 4.9 | 13.6 | -14.1 | -5.8 | 0.3 | 7.3 | 18.7 | -12.7 | -5.7 |
| 3 | E | 118 | 125.8 | 137.9 | 94.8 | 109.3 | 116.9 | 124.5 | 136.8 | 93.8 | 108.1 | 229 | 240.6 | 259.1 | 192 | 215.9 |
| 5 | A | 105.6 | 121.1 | 159.7 | 62.1 | 90.9 | 111 | 132.7 | 177.1 | 62.9 | 92.8 | 72.8 | 89 | 127.4 | 36.2 | 59.2 |
| 5 | B | 105.7 | 118.4 | 141.4 | 68.7 | 93.6 | 110.8 | 131.4 | 160.5 | 70.4 | 94.9 | 72.4 | 85.7 | 106.2 | 48 | 63.5 |
| 5 | C | -0.1 | 5.6 | 19.9 | -15.8 | -5.5 | -0.9 | 10.4 | 24.9 | -21.3 | -9.0 | -0.5 | 10.5 | 34 | -23.2 | -9.9 |
| 5 | D | 2.1 | 6.9 | 18 | -12.1 | -2.6 | 0.2 | 15.5 | 31.9 | -21.0 | -7.3 | 0.4 | 8.5 | 25.5 | -19.1 | -7.3 |
| 5 | E | 117.5 | 127.5 | 147.2 | 89.2 | 108.4 | 116.3 | 126.2 | 146.2 | 86.5 | 107.3 | 228.2 | 243.1 | 270 | 184.3 | 214.5 |
| 6 | A | 105.6 | 122.6 | 160.6 | 60.6 | 89.9 | 110.4 | 135.8 | 192.1 | 58.6 | 90.2 | 73 | 87.5 | 122.5 | 34.7 | 60.1 |
| 6 | B | 105.8 | 119.7 | 149.8 | 70.5 | 92.5 | 110.3 | 133.5 | 172.9 | 68.1 | 92.9 | 73.2 | 83.9 | 103 | 47 | 63.7 |
| 6 | C | -0.1 | 6.2 | 19.8 | -17.0 | -6.0 | -1.2 | 12.7 | 34.6 | -27.2 | -10.7 | -0.6 | 11.5 | 37.5 | -26.0 | -10.6 |
| 6 | D | 2.8 | 12.7 | 26.8 | -14.9 | -3.9 | 0 | 14.2 | 31.2 | -21.1 | -7.9 | 1.4 | 11.4 | 32.2 | -19.9 | -8.1 |
| 6 | E | 117.2 | 134.1 | 160.8 | 83 | 103.1 | 115.9 | 132.8 | 159.1 | 82.1 | 101.9 | 227.7 | 252.9 | 292.4 | 173.8 | 206.4 |

| 采样时间间隔/d | 通量统计方法 | 2005年 中值 | e90 | 最大值 | 最小值 | e10 | 2006年 中值 | e90 | 最大值 | 最小值 | e10 | 2007年 中值 | e90 | 最大值 | 最小值 | e10 |
|---|---|---|---|---|---|---|---|---|---|---|---|---|---|---|---|---|
| 10 | A | 104.8 | 132.6 | 206.4 | 29.4 | 79.9 | 110.6 | 146.5 | 249.3 | 23.1 | 78.9 | 72.3 | 99 | 160.2 | 11 | 49.1 |
| 10 | B | 105.3 | 128.1 | 177.2 | 50.2 | 84.6 | 111.3 | 139.3 | 195.3 | 37.6 | 84.5 | 72.7 | 93.2 | 129.6 | 27.6 | 55 |
| 10 | C | -0.2 | 9 | 32.1 | -26.6 | -8.8 | -2.6 | 19.5 | 56.3 | -33.6 | -13.9 | -1.5 | 18.2 | 68.3 | -35.6 | -16.5 |
| 10 | D | 7.5 | 22.5 | 43.9 | -18.3 | -3.3 | 0.9 | 14.4 | 44.9 | -27.6 | -9.0 | 2.6 | 24.4 | 59 | -27.8 | -12.1 |
| 10 | E | 118.4 | 136.3 | 164.5 | 62.3 | 98.9 | 117.2 | 135 | 167.6 | 65.3 | 97.7 | 229.5 | 256.5 | 302.8 | 136.7 | 200.2 |
| 15 | A | 103.3 | 144.2 | 261.6 | 18.5 | 69.8 | 108.7 | 163.7 | 327.1 | 2.6 | 63.3 | 69.6 | 116.2 | 245.1 | -12.5 | 33.9 |
| 15 | B | 104.4 | 134.6 | 213.1 | 34.5 | 79.2 | 110 | 153.9 | 248.7 | 19.7 | 70.2 | 71.2 | 102.7 | 156 | 13.3 | 47.9 |
| 15 | C | -0.6 | 12.7 | 45.2 | -30.7 | -11.8 | -3.3 | 24.7 | 82.2 | -43.7 | -18.1 | -2.4 | 26.2 | 104.2 | -46.6 | -22.9 |
| 15 | D | 8.1 | 19 | 45.2 | -22.1 | -2.3 | 0.7 | 15 | 51.8 | -37.7 | -10.8 | 2.7 | 57.2 | 103.6 | -35.2 | -12.2 |
| 15 | E | 114.3 | 163.9 | 213.9 | 23.2 | 79.3 | 113.1 | 162.4 | 214.8 | 27.1 | 78.4 | 223.2 | 297.7 | 377.4 | 93.3 | 170.6 |
| 30 | A | 99.6 | 171.1 | 346.1 | -23.4 | 42.6 | 101.1 | 199.6 | 585 | -26.9 | 37.4 | 63 | 139 | 467.5 | -35.5 | 15.5 |
| 30 | B | 103.4 | 157.3 | 301.7 | -4.9 | 57.5 | 105.8 | 186.2 | 406.4 | -14.4 | 47.3 | 69.5 | 123 | 260 | -15.5 | 29.4 |
| 30 | C | -0.9 | 19.9 | 74.2 | -42.7 | -18.9 | -4.9 | 28.2 | 162.5 | -53.2 | -24.9 | -6.2 | 41.3 | 183.4 | -58.3 | -32.0 |
| 30 | D | 19.6 | 47.1 | 113.3 | -34.2 | -4.2 | 6.3 | 27.6 | 86.8 | -49.9 | -12.7 | 13.1 | 82.2 | 216.5 | -49.5 | -17.2 |
| 30 | E | 125.8 | 180.7 | 246.2 | -18.4 | 55.5 | 124.3 | 179.3 | 244.6 | -18.0 | 54.9 | 240.9 | 324.3 | 417.1 | 22.5 | 134.6 |

# 参考文献

[1]  包晓斌. 中国流域环境综合管理[J]. 中国农村经济，2004（01）：50-55.

[2]  陈明，程声通. 常规水质监测系统采样频率优化设置方法研究[J]. 环境科学. 1988，10（3）：60-64.

[3]  程和琴，李茂田. 河流入海溶解硅通量的变化及其影响——以长江为例[J]. 长江流域资源与环境. 2001，10（6）：558-562.

[4]  陈振楼，王东启，许世远，等. 长江口潮滩沉积物-水界面无机氮交换通量[J]. 地理学报. 2005，60（2）：328-336.

[5]  陈炎，林梅英，赵颖. 河流 COD 污染通量变化规律研究[J]. 河南科学. 2002，20（1）：70-73.

[6]  城乡建设环境保护部. 全国环境监测管理条例[S]. 1983.

[7]  富国. 河流污染物通量估算方法分析（I）——时段通量估算方法比较分析[J]. 环境科学研究，2003（01）：1-4.

[8]  傅国伟. 河流水质数学模型及其模拟计算[M]. 北京：中国环境科学出版社，1987.

[9]  顾宏堪. 渤黄东海海洋化学[M]. 北京：科学出版社，1991.

[10] 何大伟，陈静生. 我国水环境管理的现状与展望[J]. 环境科学进展. 1998，6（5）：20-28.

[11] 刘嘉麒，Keene W C，吴国平. 中国丽江内陆降水背景值研究[J]. 中国环境科学. 1993，13（4）：246-250.

[12] 刘嘉麟，洪峪森. 典型背景点降水化学组分的分析[J]. 环境化学. 1996，15（5）：391-398.

[13] 李莉，梁生康，石晓勇，等. 2007 年环胶州湾入海河流污染状况和污染物入海通量分析[J]. 环境科学与管理. 2009，34（6）：23-28.

[14] 李金昌. 应用抽样技术[M]. 北京：科学出版社，2007.

[15] 李坚. 方差分析在河道水质监测断面优选上的应用[J]. 环境监测管理与技术. 1998，10（3）：39-40.

[16] 孟宪伟，刘焱光，王湘芹. 河流入海物质通量对海_陆环境变化的响应[J]. 海洋科学进展. 2005，23（4）：391-397.

[17] 全浩. 关于中国西北地区沙尘暴及其黄沙气溶胶高空传输路线的探讨[J]. 环境化学. 1993，14（5）：60-64.

[18] 沈世珍. 环境质量分析的数理统计方法[J]. 城市环境与城市生态. 1995，8（4）：42-46.

[19] 孙齐鸣，张和. 水质监测断面代表性的定量化探讨[J]. 中国环境监测. 1994，10（1）：37-39.

[20] 王赫. 我国流域水环境管理现状与对策建议[J]. 环境保护与循环经济. 2011（7）：62-65.

[21] 王大军，赵晶. 沈阳市污染物排放总量监测系统的研究[J]. 甘肃环境研究与监测. 1999，12（2）：86-88.

[22] 王洪生，陆雍森. 地面水监测网的设计及优化[J]. 环境监测管理与技术. 1999，11（2）：17-21.

[23] 王修林，崔正国，李克强，等. 渤海 COD 入海通量估算及其分配容量优化研究[J]. 海洋环境科学. 2009，28（5）：497-500.

[24] 王军，陈振楼，王东启，等. 长江口湿地沉积物-水界面无机氮交换总通量量算系统研究[J]. 环境科学研究. 2006，19（4）：1-7.

[25] 王晖. 淮河干流水质断面污染物年通量估算[J]. 水资源保护. 2004，20（6）：37-39.

[26] 席俊清，吴怀民. 我国环境监测能力建设的现状和建议[J]. 环境监测管理与技术. 2001，13（6）：1-4.

[27] 许朋柱，秦伯强，Pengzhu X U，等. 2001-2002 水文年环太湖河道的水量及污染物通量[J]. 湖泊科学. 2005，17（3）：213-218.

[28] 夏斌. 2005 年夏季环渤海 16 条主要河流的污染状况及入海通量[D]. 中国海洋大学，2007：1-72.

[29] 熊际翎，赵殿五，刘怀全. 大气颗粒物在酸雨中的作用[J]. 7. 1987，2（1~8）.

[30] 袁宇，朱京海，侯永顺，等. 以大辽河为例分析中小河流入海通量的估算方法[J]. 环境科学研究. 2008，21（5）：163-168.

[31] 张洁帆，李清雪，陶建华，等. 渤海湾沉积物和水界面间营养盐交换通量及影响因素[J]. 海洋环境科学. 2009，28（5）：1-53.

[32] 张经，黄薇文，刘敏光. 黄河口及邻近海域中悬浮体的分布特征和季节性变化[J]. 山东海洋学院学报. 1985，15（2）：96-104.

[33] 曾幼生，戴树桂，朱坦. 从元素组成看渤海、黄海海域大气气溶胶的特征与来源[J]. 海洋环境科学，1987，6（3）：9-13.

[34] 张经，刘昌岭. 颗粒态重金属通过河流与大气向海洋输送[J]. 海洋环境科学. 1996，15（4）：68-76.

[35] 张国森，陈洪涛. 长江口地区大气湿沉降中营养盐的初步研究[J]. 应用生态学报. 2003，14（7）：1107-1111.

[36] 庄宏儒. 水质自动监测系统在厦门同安湾赤潮短期预报中的应用[J]. 海洋环境科学. 2006，（02）：58-61.

[37] Bucka H. Ecology of selected planktonic algae causing water blooms[J]. ActaHydrobiologica. 1989, 31: 207-258.

[38] Epa O. Biological and Water Quality Study of the Vermilion River,Old Woman Creek,Chappel Creek, Sugar Creek,and Select Lake Erie Tributaries 2002[J]. OEPA Technical Report EAS. 2004: 10-22.

[39] Epa O. Guidance on Proper Completion of The National Pollutant Discharge Elimination Systerm(NPDES) Self-Monitoring EPA 4500 and EPA 4519 Report Forms. Prepared by Permit Compliance Unit, Division of Surface Water, Ohio Environmental Protection Agency[R]. 2004.

[40] Epa O. Total Maximun Daily Loads for the Vermilion River Watershed[J]. Draft Report for Public Review. 2005.

[41] Ferguson R I. Accuracy and precision of methods for estimating river loads[J]. Earth Surf. Proc. Landforms. 1987, 12: 95-104.

[42] Ferguson R I. River loads underestimated by rating curves[J]. Water Resour. Res. 1986, 22: 74-76.

[43] Florentina Moatar, Gwenaelle Person, Meybeck M, et al. The influence of contrasting suspended particulate matter transport regimes on the bias and precision of flux estimates[J]. Science of The Total Environment. 2006, 370(2-3): 515-531.

[44] Galloway J N, Likens G E, Keene W C. The composition of precipitation in remote areas of the world[J]. J Geophys Res. 1982, 87(11): 8771-8786.

[45] Heitzman B. Ohio Water Quality Standards(OAC 3745-1)Overview[J]. Division of Surace Water. 2004.

[46] Irwin J G, Williams M L. Acid Rain: Chemistry and transport[J]. Environmental Pollution. 1988, 50: 29-59.

[47] Keene W C, Galloway J N, Holden J D. Measurement of weak organic acidity in precipitation from remote areas of the world[J]. J Geophys Res. 1983, 88(C9): 5122-5130.

[48] Littlewood I G. hydrological regines, sampling strategies, and assessment of errors in mass load estimations for united kingdom rivers [J]. enviroment international. 1995, 21(2): 211-220.

[49] Loye-Pilot M D, Martin J M, Morelli J. Influence of Saharan dust on the rain acidity and atmospheric input to the Mediterranean[J]. Nature. 1986, 321(6068): 427-428.

[50] Moatar F, Meybeck M. Riverine fluxes of pollutants: Towards predictions of uncertainties by flux duration indicators[J]. 2007, 339(6): 367-382.

[51] Nagamoto C, Parumgo F, Kopcewicz B. Chemieal analysis of rain samPles colleeted over the Paeifie Oeean[J]. J GeoPhys Res. 1990, 95(D13): 22343-22354.

[52] Olive L J, Rieger W A. An examination of the role of sampling strategies in the study of suspended sediment transport[J]. Int.Assoc. Hydrol. Sci. Publ. 1988, 174: 259-267.

[53] P S K, A M. Multivariate statistical techniques for the evaluation of spatial and temporal variations in water quality of Gomti River(India)—a case study[J]. Water Research. 2004(38): 3980-3992.

[54] Richards P, Holloway J. Monte Carlo studies of sampling strategies for estimating tributary loads[J]. Water Resour. Res. 1987, 23(10): 1939-1948.

[55] Shindel H L, P M J, Al. E. Water Resources Data, Ohio, Water Year 2004[J]. Water-Data Report OH-04-1, U.S. Department of the Interior, U.S. Geological Survey. 2004.1999, 11(2): 17-21.

[56] Sanhueza E. Organic and inorganic acids in rain from a remote site of the Venezuelan savannah[J]. Tellus. 1989, 41B(170-176).

[57] Thomas R B. Estimating Total Suspended Sediment Yield with probability sampling[J]. Water Resour. Res. 1985, 21(9): 1381-1388.

[58] Thomas R B. Monitoring baseline suspended sediment in forested basins: the effects of sampling on suspended sediment rating curves[J]. Hydrol. Sci. J. 1988, 33(5): 499-514.

[59] Usaepa. Consolidated Assessment and Listing Methodology Toward a Compendium of Best Practices(First Edition)[J]. Office of Wetlands, Oceans and Water shed, U.S. Environmental Protection Agency. 2003.

[60] Usepa. Elements of a State Water Monitoring and Assessment Program[J]. Assessment and Watershed Protection Division, office of Werlands, Oceans and Watershed, U.S. Environmental Protection Agency. 2003.

[61] Usaepa. Guidance for 2004 Assessment, listing and Reporting Requirements Pursuant to Sections 303(d) and 305(d) of the Clean Water Act[J]. water Brance,Assessment and Watershed Protection Devision, Office of Wetlands, Oceans and Watershed, U.S. Environmental Protection Agency. 2003.

[62] Vong R J. Mid-latitude northern hemisphere background sulfate concentration in rainwater[J]. Atmospheric Environment. 1990, 24A(5): 1007-1018.

[63] Volk A U M. Influence of different nitrate-N monitoring strategies on load estimation as a base for model calibration and evaluation[J]. Environ Monit Assess. 2010, 171:513-527.

[64] Walling D E, Webb B W. The reliability of suspended sediment load data, erosion and sediment transport measurement[J]. Int.Assoc. Hydrol. Sci. Publ. 1981, 174:337-350.

[65] Walling D E, Webb B W. Estimating the Discharge of Contaminants to Coastal Waters by Rivers: Some Cautionary Comments[J]. Mar. Pollut. Bull. 1985, 16(12): 488-492.